简单做人，洒脱自在。

简单是一种平淡，却不是单调，

简单是一种平凡，却不是平庸；

简单是一种美，而且是一种原汁原味的美。

朱雪娜　编著

做人有方圆
做事有尺度

Zuoren You Fangyuan Zuoshi You Chidu

对事不对人，

对事无情，对人要有情；

做人第一，做事其次。

煤炭工业出版社
·北京·

图书在版编目（CIP）数据

做人有方圆，做事有尺度/朱雪娜编著．－－北京：
煤炭工业出版社，2018（2022.1 重印）
ISBN 978－7－5020－6470－9

Ⅰ.①做… Ⅱ.①朱… Ⅲ.①人生哲学—通俗读物
Ⅳ.①B821－49

中国版本图书馆 CIP 数据核字（2018）第 015220 号

做人有方圆　做事有尺度

编　　著	朱雪娜
责任编辑	马明仁
编　　辑	郭浩亮
封面设计	浩　天

出版发行　煤炭工业出版社（北京市朝阳区芍药居 35 号　100029）
电　　话　010－84657898（总编室）
　　　　　　　010－64018321（发行部）　010－84657880（读者服务部）
电子信箱　cciph612@126.com
网　　址　www.cciph.com.cn
印　　刷　三河市众誉天成印务有限公司
经　　销　全国新华书店

开　　本　880mm×1230mm$\frac{1}{32}$　**印张**　$7\frac{1}{2}$　**字数**　150 千字
版　　次　2018 年 1 月第 1 版　2022 年 1 月第 4 次印刷
社内编号　9350　　　　　　　**定价**　38.80 元

前　言

　　人生是一个特殊的旅程。在旅途中，我们可以欣赏沿途风景，可以享受生命的瑰丽与华美，同时我们也面临各种困难与挑战。为了在生命的旅途中，留下一段无悔的印迹，无论是做人，还是做事，我们都需要不断地拼搏奋进，不断地提升自己，在超越自我的过程中明白自己真正需要的是什么。

　　如果对自己没有一个很好的预见，对自己的人生定位不明确，就会使自己的人生很模糊，就会使自己陷入险境，甚至一落千丈。

　　在社会交往中，我们就要学会利用别人对自己的态度和反应来了解和认识自我，并能够从他人身上汲取有用的东西。

　　做事先做人，做人须立志。立志，千百年来一直被人们看作是一种必不可少的精神。《论语》中的"三军可夺帅也，匹夫不可夺志也"，三国时的诸葛亮的"志当存高远"，唐朝李世民的"心随朗月高，志与秋霜洁"，南宋文天祥的"男子千年志，吾生未有涯"等，无不表明志向在一个人生命中的重要性。明朝皇帝朱棣曾经说："人须立志，立志则功成。"

目 录

|第二章|

微笑面对生活

|第三章|

从容地生活

|第四章|

做事有尺度

|第五章|

学会识人

第一章

做人有方圆

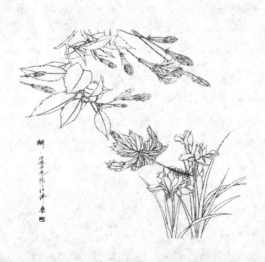

距离产生美

美国诗人弗洛斯特说过："有好篱笆才会有好的邻居。"
许多人可能会对这句话不屑一顾，但这却是我们与人交往的一
种原则。

无论人类还是动物，都有很强的领土意识。例如，鸟儿
在筑好它们的巢之后，就会用特殊的鸣叫声来向它的同类宣布
这是它的领域。如果其他鸟儿不识趣，闯入它的领域，那么就
会被主人毫不客气地驱逐出去。如果这只外来的鸟儿没有受到
驱逐，那么它很可能就会将这个巢据为己有；我们人类也是如
此。如果一个陌生人未经任何允许就闯入我们的家，那肯定会
让我们感觉很不舒服，而且会很不客气地"请他出去"。所
以，无论人还是动物，都需要一个属于自己的私人空间。

但是，在交往中，我们常常会忘记这点。一对曾经很相爱

的恋人，结婚之前如胶似漆，好像彼此就是对方的整个世界，一日不见就会魂不守舍。但是，当他们结婚之后，往日的温存和甜言蜜语却一扫而光，矛盾随时都有可能爆发，两人的关系时刻处于紧张状态之中。为什么会出现这种现象呢？就是因为他们无意中进入了对方的秘密空间，让对方感到了不舒服。一般情况下，我们只懂得爱别人，却不懂得用什么样的方式。仿佛，爱他就是要他接受自己的一切，就是对他无微不至的呵护。但事实却是，如果爱他，就给他一点儿空间，因为，爱太多，也会成为一种累赘的。

　　比如，你对一个人很好，对他非常关心，就会用自己认为的方式表达出来，而不顾及对方接受不接受，喜欢不喜欢。慢慢地，你就会将自己的行为方式强加给他，也就是说完全侵占了对方的私人空间，而这种霸道的行为反而会引起他的反感。还有就是，人无完人；任何人都是有缺陷的。距离，可以使我们淡化这种缺陷，让彼此在对方心目中保留一个完美的形象。而随着亲密程度的增加、距离的缩短，对方的缺点就会完全暴露在你的面前。这时，神秘感消失了，你们生活在彼此的现实之中，而那种朦胧的美也就消失了。

　　所以，学会与别人保持一段距离，无论是你的同事、朋友，还是亲人，都要谨记这点。古人曾说过："亲善防谗。"也就是说，想要结交一个有涵养的人，不必与他过度亲密，以免引起坏人的嫉妒而从中搬弄是非。事实证明，越是亲近的人，被伤害的程度就越大，由此而产生的嫉恨也就越深。历史上，手足相残、骨肉反目的例子并不鲜见。再就是，距离还会产生尊严，有了尊严就会有神秘感，有了神秘感就会吸引人。所以，一些领导总会有意无意地与自己的下属保持一定的距离。这并非他们故作清高，而是这样有助于管理。如果上下级之间由于过于亲近而失去了神秘感，那么领导者的吸引力也就会荡然无存，也就没有办法去很好地管理下属了。

当然，距离要适度的。如果距离太大，也不是一件好事。我们在生活中总会见一些人，仿佛独来独往的蝙蝠侠，只喜欢生活在自己的世界中，而不喜欢与他人交往。这其中自有性格上的原因。因为某些人可能天生性格就孤僻，不喜欢与人交往。所以，他们也总会与周围的人保持着一段距离。但这种距离就太远了，远得我们不敢靠近。现实生活中，尤其是当今社会，人与人交往已不仅仅是我们喜欢不喜欢的一件事，而是成为我们生活中的一种必需了。因为你如果想生存、想发展，就必须与周围的一切发生联系。现在已不是单兵作战的年代，任你有天大的本事，如果不学会与他人交流、沟通，也难以做出多伟大的业绩。所以，你必须学会让自己融入别人的世界当中，学会与人相处的艺术。

距离可以产生美，也可以产生隔阂。就像篱笆适度可以防人，过高又会将自己与外界隔绝一样。据说，刺猬为了过冬，都是相拥取暖的。但是它们的身上都长有尖锐的刺，离得太近就会将对方刺痛，于是它们只好分开。但是分开之后，又会受到寒冷的侵袭，于是只好又聚在一起。就这样，分开、相聚，直到它们找到一个合适的距离，既可以取暖，又不会把对方刺痛为止。我们，也应该学一学刺猬的智慧吧！

学会宽容

法国著名作家雨果说过："世界上最宽阔的东西是海洋，比海洋更宽阔的天空，比天空更宽阔的是人的胸怀。"

人与人交往，最主要的就是要学会宽容。宽容是人际交往中的一种润滑剂，它可以让我们的社会变得更加和谐。原始社会，人与人之间的交往只限于一个部落。后来，随着社会的发展，人们的活动范围得到了扩大，逐渐扩大到一个国家。直到今天，交往已变成全球化的。要想使自己的人脉更广、社会生活更加和谐，就一定要学会宽容。

心理学家认为：适度的宽容，对于改善人际关系和身心健康都是有益的。大量事实证明，不会宽容别人，处处斤斤计较，也会对我们自身的心理健康造成不利的影响，因为那样会使自己经常处于一种紧张状态之中。由于内心的矛盾冲突或情绪危机难以化解，极易导致内分泌失调，继而会引起一系列生理上的疾病。而一旦宽恕别人，心理上便会经过一次巨大的转变和净化，而人际关系的协调发展也会使我们的许多忧愁得到化解。

宽容不仅仅是我们处理人际关系的一种法则，它对我们自身的发展也会有很大的帮助。因为，一个人的心胸决定着他所取得的成就。我们常说"宰相肚里能撑船"，是说当宰相的人其性格是必须具备相当大的气量。

翻翻中国的历史，历数一下中国的帝王，有一个名字是你无法忽略的，这个名字就是——李世民。

李世民并非唐朝的开国皇帝，但他却取得了不朽的业绩。他一手构建了盛世唐朝的框架。在我国历史上，出现的明君不少，开明盛世也不少，但是却没有一个朝代可以像唐朝这样影响深广。至今，唐装的影子仍然存在，并作为一种潮流的象征；而海外华人聚居的地区也被人们称为"唐人街"。而所有的这一切，都与唐朝辉煌的缔造者——唐太宗李世民是分不开的。

唐太宗为何能取得如此的成就呢？这与他的性格是分不开的。据载，唐太宗性格平静淡泊，内心敏慧，外表清朗，这一基本性格就促成了他性格的博大，就像水一样随物赋形，变化万千，终于形成了大海。

　　玄武门之变后，李世民除掉建成和元吉，成为大唐的皇帝。当时，秦王府的许多将领主张将建成与元吉的党羽一网打尽。但李世民却没有这样做，而是以高祖皇帝的名义诏赦天下。原秦王府的旧部对他这一做法十分不解。一次，太宗皇帝在九成宫宴请近臣，有的大臣说："王圭、魏徵等人以前是建成的亲信，我们看到他们如同看到仇人，实在不愿与他们共聚一堂。"太宗说："魏徵等人过去确实是我的仇人，但他们能为当时的主人尽力工作，这并没什么不对，桀犬吠尧，各为其主，这是可以原谅的。"并说自己之所以重用他们，也是看重了他们的这点，只要自己真心对待他们，他们自然也会对自己尽心竭力。如此仁慈地对待自己仇人的君主，历史上恐怕也只有太宗皇帝一个人才做得到。且不说对待自己的仇人了，许多皇帝对自己的开国功臣都大加杀戮，如汉朝的开国皇帝刘邦，还有明朝的朱元璋，龙椅刚刚坐稳，便对自己以前的那些功臣大开杀戒。而"杯酒释兵权"的赵匡胤跟他们比起来也已经算是仁慈多了。太宗皇帝的仁慈也换来了这些人的效忠，使他获得像魏徵、王圭、韦挺等这样的杰出人才。

　　从这一点，我们就可以看出太宗皇帝的过人之处。他用宽广的胸怀为自己延揽了大量的人才，开创了"贞观之治"。而他的胸怀还体现在对待少数民族的政策上。我国历朝历代，对待少数民族的政策大都带有一定的排外性。而唐太宗却以自己的胸怀征服了他们，并对其表现出了少有的信任。当时，许多部落的首领还被允许在京城长安任职，有的在军中担任重要将领，有的甚至在皇宫中任禁军。唐太宗对他们的信任程度甚至可以达到把国家的安全交到他们的手中。而那些少数民族首领也并没有辜负太宗皇帝的信任，他们几乎参加了所有的征讨战争，并发挥自己的聪明才智，立下了赫赫战功。正是因为这种胸怀，使各少数民族紧紧团结在大唐帝国的周围，当时的京都长安，不仅是国内各民族聚集的场合，也成为世界性的大都会，形成万国来朝的局面。而我国的封建社会也登上了"治世"的巅峰，其政治之清明，国力之强盛为历朝历代所罕见。

　　懂得宽容的人，胸怀就会像大海一样宽广，他们会汇聚起所有的力量而为我所用。毕竟，一个人的力量是有限的，只有众人的力量才是无穷的。心胸狭窄，不能容人，就会让自己陷入孤立之中。

　　所以，无论做人还是处事，我们都应该学会宽容。宽容会让我们的生活更加和谐，也会让我们的事业更加成功。

学会赞美

喜欢听到别人的赞美是一个人的天性，没有人希望自己在别人的心目中是个傻瓜的形象。赞美会让我们沉浸在一种美妙的幻觉之中，也会让我们对自己更加自信。赞美是一种鼓励，也是治疗心理疾病的一剂良药。

有些人认为赞美是一种"奉承"，其实这是一种误解。两者是有根本区别的。奉承首先带有一种功利性，而且带有一定的虚伪成分。而赞美却不带有任何功利性的目的，是一种客观的、实事求是的表扬。

美国心理学家马斯洛将人的需要分为五类，从低级到高级依次为：生理的需要、生存的需要、安全的需要、尊重的需要、自我实现的需要。赞美可以让我们意识到自己存在的重要性，满足心理上的需求。如果一个人得不到赞美，就会认为自己失去了存在的价值。所以，如果想得到身心的健康成长，就必须得到适当的赞美。

一个喜欢赞美别人的人，总会很容易赢得别人的好感，可能因为喜欢奉承是我们人类的一种天性吧！但是，如果你的赞美可以让别人变得对自己更有信心，对他的成长更有好处的话，那又何乐而不为呢？或许，一句轻微的赞美，对你来说微不足道，但是对你的朋友而言却可以驱散他心头的阴霾。

学会赞美别人，不要吝惜自己的赞美。一个懂得赞美别人的人也肯定会有一个更加和谐的人际关系。赞美别人，首先就要学会发现别人的优点。"人非圣贤，孰能无过？"这句话没错，但是它也将我们的眼光锁定在别人的缺点上。其实，我们每个人身上的优点总会多于缺点的，而这些就是我们的资本。通常，赞美会比批评能更好地改变一个人。对于批评，我们总会有一种逆反心理，而对于赞美就不同了。因为我们对它没有防备，因此它也就可以更容易地进入到我们的心灵，并进而影响到我们的行为。

成功学大师卡耐基有一次到他的朋友托马斯夫妇家去做客，并在那里度过了一个周末。一天晚上，他们坐在火炉旁，托马斯太太建议打桥牌。但卡耐基根本就不懂桥牌，对托马斯太太说："那游戏要动脑筋，对我来说太难了。"

"那有什么关系呢？"

"我看还是你们打吧。"

"戴尔，你相信我，一点儿都不难。对你来说那只不过是小菜一碟，非常容易，就像你写文章一样，一学就会。桥牌只需要记忆和判断，而这对你正合适。"

在他们的鼓励下，卡耐基很快就坐在了桌前，尽管他以前从来没有玩过桥牌，但刚才那番话让他受到了很大的鼓励，也让自己增添了不少信心。而托马斯夫妇也给他上了一堂很重要的课。

赞美就具有这样的力量，可以让我们在不经意间得到改变。而这种效果是你用批评所无法取得的。现在，我们好多家长，当孩子犯了错误或有某些缺点时都会大声呵斥，但是那样做除了让小家伙对我们产生反感之外不会有任何效果。所以，不妨换一种方式，试着学会去赞美他们，让他们增强信心来克服自己的缺点。

另外，当你注意到别人的优点时，你对他的态度也会更加的积极、友好，从而更容易接受别人。而这也会换来别人对你的接受，因为感情的力量总是相互的，这样，你就会与他建立一种更为持久、亲密的关系。

赞美别人，要出于真心，也是一种无私的行为。如果你是带着某种功利性的目的，超过了事情的实际，那么这种赞美是不可取的，也是我们所竭力避免的，因为它会让我们陷入一种不正常的心理状态之中。

赞美也应该适度，适度的赞美，会增强我们的自信心。但是，赞美过度，也是不好的，它会让对方陷入盲目的自大之中。那对他的成长同样也是不好的。就像父母爱孩子是好的，但过度的溺爱同样会不利于孩子的健康成长是一个道理。

让我们学会赞美，学会鼓励别人、帮助别人建立起自信。当别人知道你对他有信心，那么他也就变得对自己有信心了。一个人只要有了自信，那么许多事情就好办多了。

给人留下良好的第一印象

　　心理学上有种说法叫"首因效应"，也就是你留给别人的第一印象。第一印象对我们以后的交往有着非常重要的影响。如果别人对你的第一印象很好，那么他就会乐于与你交往。如果他对你的最初印象并不好，那你以后与他打交道可就得费点神了。原因就在于，人们头脑中都有一种先入为主的意识，一旦接受了某种想法，想要改变就很难了。所以，如果你想让自己有一个良好的人际关系，就必须注意给别人留下一个良好的第一印象。

　　提到《三国演义》，大家自然就会联想到诸葛亮。在中国人的心目中，诸葛亮已成为智慧的化身。草船借箭、火烧赤壁、空城计、七擒孟获。他用一系列妙计，辅佐刘备打下江山，形成魏、蜀、吴三足鼎立之势。但是，当初与"卧龙"齐名的，还有"凤雏"，其智慧并不在诸葛亮之下，但其知名度却不知小了多少。史书上在对诸葛亮大加赞赏之时，对"凤雏"却是一笔带过。为何呢？就是因为他在"第一印象"上栽了个大跟头，以致使自己的才华埋没了很久。

"凤雏"原名庞统。此人智慧过人，曾在赤壁交战之时献上连环计，立了首功。周瑜死后，鲁肃便把庞统举荐给孙权。庞统其貌不扬，"浓眉掀鼻，黑面短髯，形容古怪"，孙权见到他后就不十分喜欢。孙权问他学会什么东西，庞统回答说："不过拘谨，随机应变。"孙权又问他的才学与周公瑾比起来如何。庞统笑着说："我所学的东西与他大不相同。"孙权生平最喜欢的便是周瑜，见庞统如此回答，心中大为不快，便令其退下，并说等用着他的时候再来相请。庞统于是长叹而去。也许，这是庞统的有意试探，以期能投明主。但是，他却并没有意识到第一印象在人类意识中的重要性。第一次见面，就这样与孙权对着干，自然会遭到人家的反感，也难怪会被埋没了。

所以，可见第一印象在人与人的交往中的重要性。所以，如果你希望可以有一个良好的人际关系，就一定要注意给人留下良好的第一印象。那么具体如何去做呢？

第一，注意衣着得体。一个人的穿着打扮，很容易就会体现出一个人的身份、地位、职业以及素质，它是人心灵的外在表现。如果你衣着不整，邋邋遢遢，就会给人一种没有教养、懒惰、做事不认真的感觉。最严重的，会让人感觉你对他不尊重。如果从外表上他就很难接受你，那么自然也就不会从内心喜欢你了。

而一个人如果衣冠整洁，就会让人觉得有教养、精明强干。他对你的初步印象不错，以后的交往也就容易得多了。

所以，一定要注意自己的衣着。当然，也不是说衣服越端庄越好，应该视场合而定。如果你参加一个朋友之间的聚会，只要衣服整洁就好；如果是一个娱乐场所，则应该穿得休闲舒适。而如果是社交场合，那就得穿得正式一点儿了。

有句话叫作"人配衣服马配鞍"，一个人的容貌是天生的，无论美丽还是丑陋，我们都没有办法改变，但却可以通过自己的衣着来弥补。如果你穿着得体，就会让人觉得赏心悦目，对你的好感自然而然也就增加了。

第二，讲究礼貌。讲礼貌是一个人有教养的标志。它体现在各个方面，包括说话、做事，以及你的一举一动。一个讲礼貌的人，会让人觉得平易近人，有素质。而一个不讲礼貌的人就会让人觉得粗俗、没有教养，因此也就不愿与之接近。

　　礼貌往往体现在生活中的每个细节，比如，一个"请"字，一声"谢谢"，进门时的一点儿谦让，朋友间的一声问候等。这些都是小事，但是从这些细微之处便可以看出一个人的素质和涵养。

　　无论如何，一个举止优雅的人总会更能得到别人的好感和信任。所以，注意生活中的一些细节，还有你的一举一动。或许只是因为你的一个小小动作，就会使别人对你的印象大大加分。

　　第三，表示尊敬。我们常说，尊老爱幼是中华民族的传统美德。其实，尊敬并不仅仅体现在我们对老人和孩子的态度上，还体现在我们对周围每一个人的态度，比如，你的领导，你的同事，你的师长等。每个人的心里，都有一种强烈的自我意识，也就是希望自己能够得到别人的尊重。而对一个人表示出敬意，正可以使他的这种心理得到满足。

　　表示尊敬的方法很多，语言、举止都可以成为我们表示尊敬的一种手段。或许有人认为这是奉承，其实二者是截然不同的。奉承是一种言不由衷的行为，里面带有一定的功利性、虚伪性。而尊敬则是一种有教养、有礼貌的表现，是不带有任何功利性的行为。

　　表示尊敬可以体现出对一个人的重视，这样，你就可以更容易得到别人的认同，从而更轻易地进入别人的内心。而你对别人的重视，也会换来别人对你的尊敬，因而交往也就容易得多了。

　　第四，学会谦虚。谦虚是中华民族的一个美德。从我们小的时候，我们的师长、父母，就对我们耳提面命："谦受益，满招损。"一个人只有学会谦虚，才会知不足；学会知不足，才能进步。

　　如果你总是自以为是、咄咄逼人，始终想让自己在与人交往的过程中处于优势地位，那么这样的交往肯定不会长久。因为我们都有自尊心，而你自尊心过度膨胀，就会让别人的自尊心受到伤害。如果你让别人感觉自己的尊严受到践踏，那么他肯定不会愿意再与你接近。因此，或许一时，你的虚荣和自尊心得到了满足，但却让自己失去了一个朋友。

　　表示谦虚的最好办法就是让别人感觉他比你优秀，尽管他心里明白自己本不如你，但是这样还是会让他们感觉很舒服。再就是一定要避免自以为是、妄自尊大。如果你不同意对方的意见，可以用一种很委婉的方式表达出来，但绝不能用一种过于肯定的语气，那样会让别人感觉你在强迫他。

　　当然，谦虚也是适度的，否则会让你感觉你对自己很没有自信。适当的时候，我们还是要学会表现自己的。千里马常有，但伯乐不常有。如果你不懂得表现自己，可能就会让自己老死于"槽枥"之间、"马厩"之中。但是，表现并不代表炫耀。如果你处处炫耀自己，那就违背了我们所讲的谦虚的美德了。总之，要想使自己能有一个良好的人际关系，就必须努力使自己给别人留下一个良好的第一印象。往往，我们第一次与人见面，都对对方有一种很强的戒备心理。你会从他的一举一动，一言一行来捕捉他传递给你的信息，然后做出判断：喜欢或不喜欢，接受或不接受。所以，在你与一个陌生人初次见面以前，一定要把自己做一番精心的"打扮"。这样，你就会在人际交往中做到得心应手、游刃有余。

与人相处的技巧

在生活中，我们会发现有些人的"人缘"总是特别好，而有些人却总是"孤家寡人"。在任何一个社会，人际关系对我们自身的发展都有着非常重要的作用。因为一个人的力量毕竟是有限的，"众人拾柴火焰高"，只有集合大家的力量才有可能取得大的成就。而在现代社会，这一点就更加重要了。因为随着科学技术的发展以及交通设施的进步，人类交往的范围已大大扩大，一个有良好人际关系的人无论是在生活，还是在工作中都会更加得心应手。

所以，如何与人交往已成为一门艺术。如何才能扩展人脉，赢得友谊呢？以下法则可能会对你有帮助。

避免争论

与人相处，要尽量避免与人争论。卡耐基说过，十有八九，争论的结果会使双方比以前更相信自己是绝对正确的。你赢不了争论。要是输了，当然你就输了。如果赢了，你照样还是输了。为什么？道理很简单：如果你的胜利，使对方的论点被攻击得百孔千疮，他被证明一无是处，那么，尽管你会因此而扬扬自得，但他也会因此而自惭，也会怨恨你的胜利，因为你伤了他的自尊。

但是，我们却总爱犯这样的毛病，因为能言善辩是有智慧的表现。当然，有些场合是需要我们据理力争的，比如一些原则性问题，或者辩论会等。你在辩论会上无论言辞多么激烈都没有什么不妥。但是，在生活中，我们却没有必要在任何事情上都与人争个高下。爱争论之人一般都喜欢以自我为中心，以为只有自己才是对的，总是试图劝说别人去接受自己的观点。但是，天下没有放之四海而皆准的真理。同一个问题，放在不同的场合，不同的人身上就会有不同的认识。何况，现在大家都受过良好的教育，都有自己的思想和一定的判断力，都有能力对自己的行为负责，我们没有必要再逼迫别人接受我们的观点。所以，如果你想有一个良好的人际关系，就要尽量避免争论。

不要树敌

避免树敌的第一要领，就是承认自己也会弄错。没有人不会犯错误，如果你明知错了却不肯承认，只会让自己在错误的道路上越走越远。而学会承认错误，不但会将失误减少到最小，还会让别人看到我们的真诚，以赢得对方的原谅，从而避免树敌。

但是，如果错的是对方呢？这时，也不要正面反驳别人的错误，那样会让他很难堪，而是应该委婉地指出他的错误。如果你与别人据理力争，反而会产生相反的效果，而且会使他从内心对你产生一种反感，就算最后你胜利了，也会让自己多了一个敌人。因此，试着温和地、艺术地让别人接受我们的意见。

与人为善

与人为善，就是学会善待别人。最重要的就是让自己的心中充满爱。一个心中充满爱心的人总会让人感觉很热诚、很温暖，因此也就更加愿意与之相处，因此他们也总是很容易就可以赢得别人的友谊。

有些人脾气暴躁，这一点是一定要克服的，因为你的坏脾气会让很多人对你敬而远之。再就是要注意自己的言谈举止。我们的一举一动都会在无意中向外界透露我们自身的信息。如果你举止优雅，就会让别人感觉你很有教养。我们总会有这样的感觉，那些受过高等教育的人，哪怕穿着很普通的衣服也会给人一种不一样的感觉，他们的身上会有一种很特别的气质，而这些气质就是通过他们的举手投足反映出来的。粗鲁的举止会让人感觉你对别人不尊重。

学会倾听

为了让别人接受我们的意见，我们总喜欢侃侃而谈。卡耐基警告我们："尽量让对方说话吧。他对自己的事业和他的问题了解得比你多，所以，向他提出问题，让他告诉你几件事。"

倾听，是一门艺术。从倾听中，你可以了解到更多的信息，也可以更容易发现别人的破绽。而且，人们都有一种表达自己的愿望，因为感情聚积在心头久了，就必须要发泄出来。这时，我们就会从心理上渴望得到别人的倾听。如果你是一个会倾听的人，那么别人有什么事首先就会想到你，或许不是为了得到你的建议，只是希望得到你的倾听，久而久之，他就会对你产生一种信任。

当你与别人的意见不统一时，也应该学会倾听。因为倾听可以让你进一步了解别人的意见，如果你连对方说什么都不知道，连他头脑中想些什么都不知道，又怎么去反驳他呢？

学会从对方的角度来看待问题

同一个问题，所处的角度不同，得到的结论也就不同。当我们与对方意见不一致时，应该学会换位思考。

别人之所以会有那样的想法，是因为他与你所处的环境不同，观察问题的角度也不相同。如果你可以设身处地地站在他的立场看问题，也许就会得出不同的结论。这样，许多原本尖锐的问题很可能就会迎刃而解了。

在我们的生活中做到这点，人与人之间就会多一份谅解，相处起来也就会容易得多了。而学会体谅别人，也会让我们更容易赢得别人的友谊。

富有同情心

一位心理学家说："所有的人都渴望得到同情。小孩子急于展示他的伤口，或者甚至把小伤口弄大，以求获得更多的同情。大人为了同样的目的会展示他们的伤痕，叙述他们的意外、病疼或者外科手术的细节。从某种观点来看，为真实或想象的不幸而自怜，实际上是一种世界性的现象。"

所以，你要学会让自己拥有一颗同情心。当你与别人的意见相悖时，或许可以这样说："我并不奇怪你会有这种想法，如果我是你，肯定也会这样做的。"这时，他强硬的态度很可能就会软下来。

向别人表示你的同情，也就等于在表示你对他们的关心。

而一个会关心别人的人，总会很容易得到别人的信任。

让对方觉得良好的动机是他们自己的

我们可能很难接受别人的意见，但却很容易接受自己的意见。别人也是如此。所以，当你与对方意见不同时，可以通过巧妙的方式让他得出与你相同的结论。这样，他会以为想法是出自他自己，这样就会在无形中让他接受你的意见。

让他人产生高尚的动机

让他产生高尚的动机就是要让他人觉得自己是诚实、正直和公正的。

比如，你遭到一群记者的围攻，他们对你的私人生活十分感兴趣，但又是你极力想掩饰的。如果你说："对不起，这是我的私事，无可奉告。"就会让人感觉很生硬，让别人心里很不舒服。而如果你换种说法："对不起，如果我把这件事说出来，很可能会伤害到一个无辜的人。我想大家都很善良，不希望让别人受到伤害，所以，就让我们把它永远当成一个秘密吧。"这样，他们显然就不会再继续追问了，除非是非常不知趣的人。

所以，如果你希望别人可以接受你的思维方式，就试着让他们产生高尚的动机。

学会尊重

如果你想赢得友谊，就必须学会尊重别人。就算你不打算赢得别人的友谊，也要学会尊重别人。学会尊重，是我们待接人物的一种基本礼貌，也是一个人有良好教养的体现。

尊重，不仅仅是尊重别人，也包括尊重自己。如果你不懂得尊重自己，那么自然也别指望别人会尊重你。自尊，是一个人做人的根本，也是我们与人交往的根本。所以，我们要学会"双尊重法"。

只有相互尊重，人与人之间的交往才能继续。我们可能有过这样的经历：在别人面前，我们总会彬彬有礼，保持着一定的风度；而当我们面对家人时，却把礼貌给忘记了。或许你会说，成天在外人面前掩饰自己已经够累了，回到家当然应该把面具摘下。的确如此，但是却不能把最基本的礼貌也给忘了。

越是我们的家人，越应该得到我们的尊重，毕竟，他们是我们在这个世界上最亲近的人。而学会尊重也是保持家庭和睦的一个重要条件。中国有句成语，叫作"举案齐眉"，意思就是说夫妻之间相敬如宾，是家庭和睦的表现，而这也一直为后世所称道。

不仅在家庭之中，在与我们的朋友、同事、同学相处时，也应该做到尊重对方。人类都有一种归属感，也就是希望得到别人的认同。而尊重则表示你对他的重视，可以满足人们精神上的需求。没有人总喜欢被别人呼来喝去，尤其现在是一个个性张扬的年代，人们都有很强的自我意识。因此，你若总是对别人一副颐指气使的样子，那么这种交往也难以持续下去。

而对自己的尊重就是要做到不妄自菲薄，不自轻自贱。为了利益而卑躬屈膝，不顾自己尊严的大有人在。对这样的人，我们总会嗤之以鼻。因此，不懂得尊重自己的人也就很难得到别人的尊重。

但是，一个人的自尊心过度膨胀也不是一件好事，那样往往就会形成唯我独尊的气势。一般来说，有这种性格的人也都有很强的能力或曾做出过骄人的业绩。人们往往会误认为这是自信的表现。但事实是，那些真正的人物或领袖之所以能够蜚声海内外，并获得别人的尊敬和认可，并非因为他们的唯我独尊，而是在于他们从来不说过度自信的话，并且会不顾及自己的身份而与其他的人打成一片。正因为他们平易近人，所以才取得了非凡的成就，并得到了别人的尊重。

其实，唯我独尊是一种没有涵养的表现。中国有句古话，叫作"小鬼难缠"，说的就是这个道理。真正有智慧的人，都懂得谦虚。反之，你目中无人，就很难与别人愉快地合作，只凭个人的力量，也很难取得多大的成绩。所以，想成事，就必须克服唯我独尊的毛病。富兰克林有一种很好的摆脱唯我独尊的方法，那就是不要说太过自信的话，在他表明自己的意见时，会用一种比较模糊而又灵活的言辞，以至于40年内，没有一个人认为他说过任何武断的话。如果你也可以做到这一点，就算你发现自己的话说错了，也不必收回。要知道，你所表达的毕竟只是个人意见，别人会有不同的信仰和观点，并拥有取舍的权利。没有必要将自己的观点强加给别人。

任何人，无论王侯将相、达官显贵，还是平头百姓，都有自己的自尊心。所以，当你在强调、维护自己的自尊心时，切不可把别人的尊严践踏于脚下。顾及别人的自尊心有很多种方法，那也并非是一件很难的事，只要你稍加注意，就可以做到。

　　美国柯立芝总统的一位朋友有一次前去白宫拜访他，偶然走进总统的私人办公室，听见总统对他的一位秘书说："你今天早上穿的这件衣服很漂亮，真是一位迷人的年轻小女王。"结果，漂亮的秘书小姐被这句赞美弄得满脸通红，不知所措。接着又听柯立芝总统说："现在，不要太高兴了。我这么说，只是为了让你觉得舒服一点儿。从现在起，我希望你对标点符号能稍加注意。"

　　这就是总统说话的巧妙之处，尽管他想批评那位秘书，但却先从表扬出发，这样就可以很好地顾及她的自尊心而不让她感到很难堪。

　　学会尊重别人，也学会尊重自己，在社交中，你将更加游刃有余；在事业上，也将更加顺利。

让心中充满爱

　　爱，是一个很神圣的字眼儿，她是我们人类得以在这个美丽的星球上生存的基础，也是我们生存下去的精神支柱。爱是父母看见婴儿时一丝淡淡的微笑，也是孩子一声甜甜的呼唤；爱是朋友一声关切的问候，也是情侣间一个会意的眼神。

　　爱是雨露，滋润万物；爱是阳光，普照大地。没有爱，就不会有这个欣欣向荣的世界；没有爱，我们也只能生活在一个冰冷的世界里。

　　思想家希尔提说："没有灵魂的人无法生存下去，他不只丧失了现在的生命，也失去了未来的生命。只要心中有爱，就能克服任何事情。心中没有爱的人，一辈子都将处在自己与别人交战的状态中，最后疲倦地走上厌世之路，甚至憎恨人类。然而，在最初要下决心获得'爱'时，实在非常困难，所以必须接受上帝的引导，长久不断地学习，直至能够做到为止。"

　　没有爱的地方，邪恶就会滋生。心中少了爱的人，心理也难以得到健康地发展。不少有心理疾病的人，大多都是因为在成长过程中受到过严重的心理伤害，以致产生抱怨社会的想法。所以，可见爱的力量是多么的伟大。

　　我们总是在呼唤爱，希望我们的社会可以多一些爱，那样人与人之间的相处将会更加容易，而我们的社会也会变得更加和谐。一个有爱心的人也总是能够更容易赢得朋友，因为与他们相处会让我们感觉很温暖。

　　生活中，我们每个人都应该用关爱的原则建立一个心理预警机制，在这种机制下，每个人都在制造平等并享受平等，用真诚换取真诚，用笑容换取笑容。其实，学会爱别人很容易，可以是一声轻声的问候，一个关怀的眼神，一个深情的拥抱，一杯热茶，一个微笑。或许，因为你的举手之劳，便会帮助别人渡过难关。而一个轻蔑的眼神，却会给别人造成心灵上的伤害。

　　爱心，是一切善良的根本。有人也许会说，做人不能太善良，"人善被人欺，马善被人骑"，太善良反而会对自己造成伤害。但事实是，如果你的心中没有爱的话，或许真的不会被人欺负，但也绝对不会得到别人的帮助。毕竟，我们生活在一个集体中，任何人都不可能脱离社会而独立存在。有人对获得诺贝尔奖的科学家进行过调查，说早期的获奖者还有一些单兵作战的情况，而现在的获奖者却都是靠许多人或一个团队合作才能取得成绩的。毕竟，由于科学技术的飞速发展，没有一个天才人物可以完全掌握自己所需要的全部知识，必须通过与人合作才能达到目的。所以，如果你想成功，就必须有一个良好的人际关系。我们俗称这种人际关系为"人缘"。那些有人缘的人一般也都为人热情、讲义气，甚至可以为了朋友"两肋插刀"。而最根本的原因就是因为他们的心中有爱。因为有爱，才会去关心别人，才会在别人最需要的时候伸出援手。这样的人有难，也自然会有无数双手伸出来救助他了。

爱的力量是伟大的，她可以让一切不可能的事变成可能。

美国曾有过一位社会学教授，对一个黑人的贫民窟进行调查研究。他对这里的两百名孩子几乎无一例外地都认为"一无是处"或"无所作为"。

后来，这位教授过世后。40年后的一天，他的学生无意间在他的档案里发现了那份研究报告。他们怀着极大的好奇心对当年那些孩子进行跟踪调查，以验证自己恩师的结论是否正确，但是结果却令他们大吃一惊，因为当年那些接受过调查的、被认为将来会"一无是处""无所作为"的孩子，如今却大多数事业有成，他们有的成了企业家，有的成了政府要员，有的做了大学教授，还有的成为律师、银行家以及出色的运动员。到底是什么原因使两者有如此大的区别呢？他们又进行了进一步的调查。目前已拥有一切，那些已经长大成人的孩子说，他们最感谢的就是当地的一位小学教师。当调查者找到这位教师并问她是用什么方法让当初那些孩子获得如此的成就时，这位满头白发的老教师只是微微笑着说："因为我爱这些孩子。"

爱的力量就是这样伟大，她可以让不可能变为可能，也可以将顽石熔化。爱是开放的，托尔斯泰说："只爱我们所喜欢的，这种爱不能算是真正的爱。真正的爱是对存在别人心中也存在于我们心中的那同一个神的爱。"爱是爱万物，爱这个世界上的一草一木。

爱，意味着一种付出，而且是一种不计回报地付出。如果你的付出是带着某种不可告人的目的，那么往往会吃到苦果，因为彼此回报的定义并不在统一的见解上，而过度的计较也会让你的心背上很重的精神负担。真正的爱，应该是相濡以沫的，不计较任何的得失，也没有任何的利害瓜葛，而是一种无私的奉献。

　　当然，爱不是等待，而是需要付出、需要表达的。无论在头脑中想象得多么美好，如果你不去做，那么一切也没有什么意义。就像你想追求一个人就一定要让她知道，让她感觉到你对她的关怀一样。

　　爱也是适度的，任何事物都要有一定的度，爱也不例外；否则，爱太深，只会成为累赘。我们见到不少小孩子，对父母的关怀不以为然。可能我们小时也有过这样的感受。无论你多么爱对方，都要给他留一点儿空间，否则，就会将爱变成绳索，成为他的一种羁绊。

　　无论怎样，世界上多一些爱还是好的，那会让我们的生活里更多一些阳光；而一个心中有爱的人活得也会更加的充实。所以，让我们学会去爱，爱别人、也爱自己，这样我们的世界，也将会变得更加美好、更加健康、更加和谐。

方圆做人

　　我们每天都在同形形色色的人打交道，而每个人又都有着不同的喜好，就像每个人都有着不同的口味一样。那么，如何才能让自己满足每个人的口味，如何才能让自己在人际交往中游刃有余呢？这就要求我们养成方圆的性格，学会方圆做人。

　　方圆性格是常人难以达到的一种境界，它可以随着周围的环境而不断地调整自己。他们能忍则忍，能容则容，该进取时绝不退却，该退却时绝不强求。他们以自己的心胸来包容着一切，也让自己适应着一切。他们像水，所以无论什么样的环境，什么样的场合，都可以从容应对。

　　当然，一个人不可能和所有的人都成为好朋友，那是不可能的，也是不切实际的。其实，在我们的一生当中，有两三个知己就已经很难得了。但是，总是会有些人"人缘"好些，而有的人则"人缘"差些。为什么会有这样的区别呢？是因为人缘好的人比一般人更有财富、更有地位，还是因为他们天生就具有一种可以吸引人的魅力呢？都不是。他们之所以人脉更广、朋友更多，是因为他们更会为人处世。在他们身上，就有这种方圆的性格，使他们可以随着周围的环境而不断地调整自己，所以，他们总是能很好地生存。

　　方圆处事，方圆做人，是使我们可以在这个世上更好生存的一个法则。具体该如何来做呢？

求同存异

　　世界上没有完全相同的两片叶子，也没有完全相同的两个人。因此，每个人都会有不同的原则和不同的处事标准。如果你认识到了这点，就不会再强求别人处处都要与自己一样。所以，我们要学会求同存异。

　　求同存异，就是要努力在不同中寻找相同，但又允许不同的存在。相同是我们合作的基础，不同则是我们之间的差别。往往，我们总会犯这样的错误观点：把自己的观点强加给别人。或许，你是出于好心，不希望对方做错事或者白费力，所以总想帮他。但是，往往事与愿违。你的好心，被别人当作别有用心；你的诚意，被人误认为多管闲事。我们可能都有过这样的感受：在家里，父母对我们的关心可谓无微不至。但是，那种爱却往往让我们感觉很累。因为，他们的爱已经超过了一定的界限，侵占了我们的私人空间。所以，当我们做事时，也应该设身处地想一想，自己有没有侵占别人的私人空间?

无论你们关系多么亲密，都要记住给别人留一点儿空间。做任何事都要有度，爱也不例外。否则，它只会成为束缚我们的一条绳索。

如果你与别人并不很熟悉，那就更不要用自己的观点去强迫别人。我们现在都已是成年人，都受过良好的教育，都有自己的思想，完全可以对自己的所作所为负责。而且，由于所处的地位、角度、环境的不同，对事物的认识和看法也会不同。我们所要做的就是努力在各种不同中寻找相同，以达到合作，而不是把对方完全变成你的样子。只有学会求同存异，才能在不同的环境中生存。

方圆为人

"一把钥匙开一把锁。"与不同性格的人相处，也应该用不同的方式。比如，有的人性格急躁，那么在与他们相处时就要学会干净利落；有的人做事总是慢半拍，那么你应该也让自己慢慢地适应他的节奏；有的人性格耿直，你也可以快言快语；有的人比较敏感，那么无论说话做事，你都要小心，以免伤到他的自尊心。

方圆为人，并非让你逢场作戏，玩世不恭，而是要你根据每个人的性格特点及行为方式来区别对待。世上的事物都不能尽善尽美，每个人也都有其优缺点，我们不能求全责备，而是努力让自己去适应他们。方圆是一种圆滑，也是一种机警。学会方圆做人，你也会像水一样随物赋形，无处而不在了。

学会包容

人无完人。如果你想寻找没有缺点的朋友，那么就永远没有朋友。我们不必去苛求尽善尽美，事物正是因为有一点不完美，所以才有更广的发展空间。

只要明白这一点，那么在与朋友相处时，我们才不会盯住对方的缺点不放。对待朋友，或者我们周围的人，要有一颗包容的心。无论什么样的人，就算他再失败，身上也肯定会有某些发光点，而这都可以成为你学习的对象。如果你能用这种心态去与人结交，那么你就会发现自己的朋友会越来越多，所学到的知识也会越来越广。

包容，是人与人之间的一种润滑剂。它可以让我们彼此之间少一些摩擦、多一些和谐，还会让我们多一份豁达和从容。

学会包容，对我们的身心健康也是有利的。如果你总是跟别人斤斤计较，喜欢拿别人的错误来惩罚自己，那么就会让自己背上严重的心理负担。久而久之，还会患上严重的心理疾病。所以，学会包容，为了别人，也为自己。

注意了解别人

俗话说：知己知彼，百战不殆。与人交往，也是如此。如果你了解一个人的秉性、爱好，那么在与他相处时，也就不会显得唐突，因此也能更好地投其所好。而对于另一方来说，如果偶然他发现你对他有这么多的了解，就会觉得你对他很重视，因此也就愿意与你交往。

比如，你得知一个新相识的朋友喜欢绘画，偶尔送他一支画笔或是一幅名作，这会令他喜出望外。有如此投其所好的朋友，他又怎么会不愿与之交往呢？

如果朋友不小心冒犯了你，你也要懂得及时原谅他，因为你知道他本来就是一个心直口快的人。或者他最近心情不好，是因为家庭出现了纠纷。这样，原本的不快也就很容易可以化解了。

第二章

微笑面对生活

对生活负责

　　我们经常会提到"责任心"这个词。无论在生活中，还是在工作中，责任心对我们来说都非常重要。比如，在家庭中，你有责任心，就可以成为一个好丈夫、好父亲；在事业上，你有责任心，就会被同事尊重、被领导赏识，让你承担更大的责任，担当更重要的岗位。

　　责任，是我们一个人的做事态度；责任，也总给我们一种安全感。责任就像交通规则，每个人都遵守，那么一切就会井然有序。如果没有了责任，我们的生活就会陷入混乱之中。

　　比如，我们去医院看病，就是把自己的健康交给医生，这出自我们对他们的信任。因为作为医生，他们有责任对我们负责。我们把自己的子女交给学校，让学校给他们提供教育，把子女的安全也交给他们，也是因为我们知道学校有这样的责任。我们去银行存钱，把钱放到那里就不必成天提心吊胆，也是出于一种信任，因为银行有责任保护我们所存资金的安全。

可见，责任在另一种意义上就是一种信任。因为有责任，所以有信任。而一个人也只有承担起自己的责任，也才能够得到别人的信任。

责任是我们每个人都应该承担的，尤其对青少年来说更有这个义务。作为青年人，刚刚走上社会，一切都没有定型，这就更要求我们有一种责任意识，只有这样才能对我们的国家负责，对我们的社会负责，对我们的家庭负责。如果我们不能树立一种责任心，就不可能很好地立足于这个社会，也不可能取得令人羡慕的业绩。

1898年，美国与西班牙之间爆发了一场争夺殖民地的战争。战争爆发之后，为了取得优势，美国必须立即跟加西亚取得联系——加西亚是当时古巴反抗军的首领。但是没有人知道他究竟在哪里，只知道他在古巴的丛林里活动，所以没有人可以带信给他。但是，战事一分钟都拖不得，美国总统需要立即与他联系上，以便互相合作。这时，有人对总统说，把信交给罗文，只有他才有可能找到加西亚。于是，总统便把这封信交给了那个叫罗文的人。而罗文也的确不负众望，最终把信交到了加西亚手里。我们且不去讨论为了把信送到，罗文遇到了多少危险、多少艰辛。最令我们感动的、最令我们敬仰的，也最令我们惭愧的是，当总统把给加西亚的信交给罗文之后，罗文甚至都没有问"他在什么地方"。因为在他的心中，有着强烈的责任感，对于上级的托付，不管有多么困难，不管有多少艰难，都要全心全意地投入，努力让自己去完成任务。所以，加西亚的故事影响了千千万万的人，他的那种精神也鼓舞了无数的人。

一个负责任的人总会更容易赢得别人的信任；反之，则无论那个人多么有才华，也难以担当大任。

某公司招聘员工，应聘者人山人海。在这个劳动力市场供大于求的年代，人们对待工作就像对待猎物一样。最后，有两个年轻人小王和小李从众多的竞争者中脱颖而出。好不容易得到了这份工作，两个人也都兢兢业业，丝毫不敢有半点马虎。过了一年，两个人也都算相安无事。年底，公司宣布：为了降低成本，公司要裁掉一部分员工。这一消息宣布之后，顿时人人自危。后来，公司公布了裁员名单，小王和小李都包括在内。也难怪，两个人都还算新人，技术不是特别熟练。小王知道之后，显得很平静；而小李则不同，一听说自己在裁员的黑名单上，立刻愤愤不平起来。不断地对周围的人抱怨，自己工作这么努力，居然还会被炒鱿鱼，公司简直就是不讲道理。从此，工作也不再兢兢业业，而是马马虎虎，浑水摸鱼，当一天和尚撞一天钟，每日得过且过了。一个月之后，小李果然按时下岗，而他的"难友"小王却平平安安地留了下来。小李感到自己被骗了，怒气冲冲地跑进总经理办公司去讨个说法。总经理听完他一阵言辞激烈的陈述之后，微微一笑："当你四处抱怨的时候，你知道小王在做些什么吗？他从来没有抱怨，只是仍像以前那样兢兢业业地工作。他知道自己在这里的时间不长了，于是主动要求加班，以减轻一些同事的负担。他只想在临走之前，给大家留一个好印象，为大家多做点儿事。这样的员工，我们又怎么忍心让他离开呢？不是公司不想要你，而是你自己不想要自己了。"小李听后，惭愧地低下了头。

　　负责不仅仅有利于别人，也有利于我们自己。从某种意义上说，责任心就是一种凝聚力，大到一个国家，小到一个集体，都需要这种精神。

避免争论

　　我们每个人都生活在集体中，会与各种不同的人接触。当然，有时候我们的意见会与别人发生冲突，这时就会产生争论。因为我们往往会认为自己是正确的，所以便努力去劝说别人接受我们的意见。但是，大多数时候，这种争论往往只会起到适得其反的效果。

　　成功学大师卡耐基曾经讲过自己亲身经历过的一件事。那时，他是史密斯爵士的私人经纪人。第二次世界大战期间，史密斯曾在澳大利亚空军任飞行员。欧战胜利后他在30天内飞越了半个地球，创下了一项世界纪录。为了对这一壮举进行庆祝，朋友们为他举办了一个宴会。当时宴会上有很多人，其中坐在他右边的一个人讲了一个幽默故事，并随口引用了一句话，大体意思是说"谋事在人，成事在天"。这位先生说这句话出自《圣经》，但实际上却是出自莎士比亚的一部作品。于是，卡耐基立刻给予了反驳。但这位先生坚信自己是对的，认为是卡耐基搞错了。于是，他们便向另外一个人请教。那个人叫法兰克·葛孟，是卡耐基的老朋友，而且他研究莎士比亚的作品已有多年。葛孟听了二人的陈述之后，在桌子下偷偷地踢了卡耐基一脚，然后说："戴尔，你错了，这位先生是对的。这句话的确出自《圣经》。"

回去的路上，卡耐基问自己的朋友为什么这么说，因为他明明知道那句话出自莎士比亚。葛孟回答说："是的，《哈姆雷特》第五幕第二场。可是，戴尔，我们都是宴会上的客人，为什么要证明他错了，那样会使他喜欢你吗？为什么不给他留点儿面子，要知道他并没有问你的意见啊！他根本不需要你的意见，为什么要跟他抬杠呢？要记住，永远避免跟别人发生正面冲突。"后来，卡耐基一直坚守着这一信条。是的，争论不会对你产生任何的好处，如果你输了，你自然就输了；如果你赢了，你还是输了，因为你会让对方难堪，让他对你产生一种怀恨心理，你不但没有争取到一个朋友，反而给自己树立了一个敌人。

当然，也不能一概而论。有些时候我们是需要争论的，因为新的思想、新的智慧往往就会在争论中绽迸发火花。所谓理越辩越明。如果我们每个人都为了避免争论而在那里一言不发，那么才是真正的悲哀呢。对于原则性问题我们就应该做到寸步不让。但是，做事一定要有度，如果只是一些鸡毛蒜皮的小事，我们是没有必要去和别人争个高下的。况且，由于我们所处的位置不同，你认为对的事，到他那里也许就成了错的，所谓仁者见仁，智者见智。这时，我们就应该学会避免争论。当然，这并非让我们做"墙头草"，我们可以保留自己的意见，但是没有必要非要别人也接受同样的观点。现在是一个个性张扬的年代，大家都受过良好的教育，都有思想，都可以对自己的行为负责。我们没有必要非要让别人接受自己的生活方式不可。

当然，能言善辩也未尝不是一件好事，那是一个人智慧的象征，就像我们参加辩论赛一样，胜利的一方总会得到别人的掌声。但是就算这样，你也一定要分清场合。否则，就会适得其反了。

　　东汉末年的孔融大家应该都知道，"孔融让梨"的故事直到现在仍为人们广为传颂。孔融从小就很聪明，而且能言善辩，这点既给他带来了好处，也给他埋下了祸根。

　　孔融10岁的时候，跟随父亲前往洛阳。当时洛阳城有个人叫李元礼，非常有才华。孔融听说以后，便对父亲说自己想见一见李元礼先生。父亲说多少达官显贵想见他都不容易，更何况你一个小孩子呢。但孔融执意让父亲带自己去，并担保说自己一定可以见到他本人。

　　到了李府门口，孔融对看门的侍者说："我是李先生的亲戚，麻烦你去通报一声。"不一会儿，侍者出来，请二人进去。李元礼见到二人，感到很奇怪，便问孔融和他是什么亲戚。只见小孔融不慌不忙地答道："我的先人仲尼和您的先人伯阳有师徒之尊，所以我与您是通家之好，赛过邻里，能说我们不是亲戚吗？"李元礼见孔融小小年纪便有如此才智，对其大加赞叹。正在他们谈话之际，太中大夫陈炜前来造访。听说孔融的表现之后，不屑一顾地说："小时候聪慧过人，长大后未必如此。"孔融立刻反唇相讥道："想来太中大夫小时候一定是十分聪慧的啦！"陈炜听后，顿时被噎得说不出话来，心中也对孔融产生厌恶之感。后来，曹操也因孔融言辞太过而无情地将他贬黜。

　　所以，不要总是在别人面前卖弄自己的小聪明，那样反而会适得其反。如果可以，我们要尽可能地避免争论，就算避免不了，也要分清场合。一味地逞口舌之能，到头来反而会害了自己。

　　正所谓言多必失。为人处世，不可言多，道理自在。

学会忍让

俗话说：忍字头上一把刀。忍让有时就意味着屈辱、懦弱，甚至无能。所以，我们很少有人能够做到。的确，忍让有时是会很痛苦的，它会让我们感觉失去了尊严，还可能会招致别人的嘲笑。但是，忍让却是我们所必须学会的一种处世哲学。一个人如果能够学会忍让，就会在生活中做到游刃有余。

我们一生中总会遇到难堪的误解，遭到不公正的待遇，遇到不平的事。如果你凡事都跟别人斤斤计较，首先会让自己很累；其次还会给自己树立许多敌人。这时你就要学会忍让。其实，有些伤害是无意的，所以你不必与别人计较。而有些伤害也许是有意的，这时也应做到能忍则忍。否则，你只会被那种痛苦的念头紧紧地折磨着。

莎士比亚说过：不要为了敌人而过度燃烧心中之火。不要烧焦自己的身体。的确，如果你总是跟别人生气，那你就是拿别人的错误来惩罚自己。有关专家认为，长期积怨不但会使自己面孔僵硬多皱，还会引起过度的紧张和心脏病。忍让对于无意伤害到你的人来说是一种安慰，对于有意伤害你的人来说却是一种惩罚。因为他的目的就是使你生气，让你痛苦。如果你对其置之不理，那么他也就无计可施。

　　古时候，有个人叫陈嚣，他与一个叫纪伯的人做邻居。纪伯比较爱贪小便宜。一天夜里，趁陈嚣熟睡之际，偷偷地把陈嚣家的篱笆拔了起来，然后往后挪了挪。后来，此事被陈嚣发现。但陈嚣并没有与他计较，而是把自家的篱笆又往后挪了一段距离。纪伯发现自家的地又宽出了许多，知道陈嚣是在让他，心里感到十分惭愧，便主动上门向陈嚣道歉，并把自己侵占的土地全部还给了陈嚣。试想，如果陈嚣不是忍让而是与之据理力争，那么结果又会如何呢？可能最终他也会要回自己的土地，但是同时也会让自己多一个敌人。

　　也许有人会说，陈嚣是在放纵纪伯。如果纪伯不是承认错误而是一味得寸进尺呢？到时忍让只会让他气焰更加嚣张。也许会是这样。有些人的确是会得寸进尺的，而且这样的人也不在少数。这时，我们就要学会勇敢地站出来，捍卫自己的权利。但是最终的结果呢？还是会有一方做出让步，否则这种争斗将会永远延续下去，永无休止。最终，我们还是会住手，但是争斗却早已消耗掉了我们大量的精力。或许你会胜利，但是胜利的代价也许会比认输的代价更大，所以就算我们胜了又有什么意义呢。还不如当初就做出让步，双方都可以平安无事，不仅利人，也可利己。

忍让并不是结果，而是一种战略，它可以让我们积蓄实力。这在兵法上也并不少见。如果你的敌人比你强大许多，此时你就该做到避其锋芒。如果你以硬碰硬，或许会很痛快，但最终却会落个玉石俱焚。这时的忍让就是以退为进，就像晋文公的退避三舍。忍让有时的确会很痛苦，但是如果你承受不了，那么就会付出更大的代价。越王勾践的故事想必大家都知道。勾践当初如果不是忍受了那么多的羞辱，恐怕连性命都保不住，更不用说重振自己的霸业了。

20世纪三四十年代，巴金先生也曾受到过不少小报甚至无聊小人的攻击，但他对此"唯一的态度就是不理"。因为，如果你奋起而反击，就说明他们的攻击对你起到了作用，他们就会更加得意、猖狂，更加的变本加厉。如果你不去理他们，他们反而会觉得无趣而知难而退。有位哲人说过:"棍棒、石头或许会击伤我的肌骨,但语言无法伤害我。"聒噪不如沉默,息谤得于无言。

当然,忍让也并不是没有原则的。如果我们一味忍让,反而成了纵容。比如,有两只公鸡打架,其中的一只将另一只的脖子啄伤了,但另一只并没有与之计较。而那只啄伤同伴的公鸡感到自己有点过分,最终向受伤的公鸡表示歉意,因此也就两大欢喜。但是如果它不是意识到自己的错误而是继续进攻,直到把对方的眼睛啄瞎,或者干脆将对方置于死地呢?如果你还是忍让,直至丢掉了性命,就算最终对方会幡然醒悟,也是没有办法去弥补的。

忍让也并非是解决问题的万能钥匙,比如,明明是对方的错,你却一味地委屈自己,不仅让自己无意中受到伤害,同时也会让对方在错误的道路上越走越远。你碰上的是君子,忍让会让对方更加敬重你;如果你遇到的是小人,你的宽容只会让觉得你软弱可欺,让他更加肆无忌惮。

忍让是一种处世的哲学,但却并非是放之四海而皆准的公理。如果你不分场合而到处乱用的话,到时就会反受其害了。但是,多一些忍让,总是好的,它是我们社会的一种润滑剂,如果少了它，人与人之间就会有更多的摩擦，最重要的是要把握好度，让它成为我们生活中的一剂调味品。

微笑面对生活

生活中，总会遇到各种各样的困难。对此，你的反应如何？怨天尤人，心灰意懒，还是让自己勇敢地面对。你做出的反应不同，所得到的结果也就不同。

我们总会见到这样的情况：同样的环境，同样的遭遇，有的人愁眉苦脸，有的人却喜笑颜开；有的人捶胸顿足，有的人则意气风发。之所以会有如此不同，是因为我们每个人的心态不同。生活就是一面镜子，你对它笑，它就对你笑；你对它哭，它也对你哭。因此，我们要学会微笑面对生活。

学会微笑，我们的生活将会轻松很多。一个人如果整日愁眉苦脸，那么就会对生活失去信心，在面对困难时也就更加被动。而如果以一种乐观的心态来对待生活，那么就没有什么可以伤害到他，在遇到困难时他也可能更加从容地应对。

微笑的力量是巨大的，它可以融化一切坚冰。一个喜欢微笑的人也总会让人觉得更容易接近。如果你总是微笑，不仅可以让自己得到更多的朋友，还可以让自己的事业更上一层楼。

威廉·怀拉是美国很出名的职业棒球明星。他40岁后退役，准备去做保险推销员，因为他一直很喜欢推销这个行业。而且自认为凭借自己的知名度，肯定会给保险公司带来不错的经济利益。但是，当他去应聘时，得到的答案却是不予录用。原因是"保险推销员必须有一张迷人的笑脸，而你却没有"。威廉这时才意识到自己是这样一个吝啬的人，连一个免费的微笑都不能给周围的人，感觉自己简直白活了40年。为了改正这个毛病，他下决心苦练微笑。他收集了许多迷人笑脸的照片，将它们贴在自己的屋子里面，以便可以随时模仿。他还买来一面很大的镜子，每天对着镜子练习笑容。最后，他终于练出了"发自内心的如婴儿般天真无邪的笑容"，并成为一个年收入高达百万美元的推销高手。他经常对别人说："一个不会笑的人，永远无法体会到人生的美妙。"

微笑对我们的影响就是如此巨大。不仅如此，它还有利于我们的健康。医学研究证明，笑能够刺激内分泌腺体分泌激素，使血流加速，增强细胞吞噬功能，提高人体的免疫力。另外，笑还可以减压，这也是有科学依据的。因为笑能使脑垂体释放一种欢欣物质，以减轻压力，振奋精神。所以，当你劳累之时，不妨让自己笑一笑，可以是和同事们聊天的开心大笑，也可以是看到一个小笑话的偷笑。总之，无论如何，都要学会让自己微笑着面对生活。

学会笑对生活，首先就要让自己养成乐观的心态。一个拥有乐观心态的人在任何困难面前都不会退缩，因为他的心中总是充满希望，而心中有希望，也就自然会产生力量。他们也会失败，但却从来不会怀疑自己，而是给自己找出好多的理由。他们有时甚至有点阿Q精神，把自己身上的责任推得一干二净，然后笑嘻嘻地跑开了。再然后，他们会从头再来。可他们并不想赢，但是由于他们不怕输，所以往往就会收获成功。因此，他们总会成为生活中的强者。而悲观的人却恰恰相反，他们会把一切责任都揽在自己身上。当然，不替自己找借口有时也是一件好事，它可以增强我们的责任心。但同时也会让我们容易对自己产生消极的思想，否定自己的价值，动摇自信心。

我们应该如何养成乐观的心态呢？

首先，学会转移注意力。当你心情不好时，就让自己换一个环境，比如，到外边散散步，和朋友聊聊天儿，从事一下体育活动。这样你头脑中不快的思想就会很快被其他思想所取代。许多伟人就是用这种方法来调节心情的，爱因斯坦心情不好时就会拉小提琴。

其次，选择积极的信息。任何的事情，都会有两面性，因为所有的事物都是矛盾的统一体。这时，我们就要学会吸收积极的信息，忽略消极的信息。如比赛中你输给了对方，你可以告诉自己，有了这次教训，以后自己会更加努力。如果没有这次失败，自己就会被胜利冲昏头脑，到时会有更大的失败。如果每次遇到不幸你都可以这样调整自己，那么久而久之，你就会让自己培养起乐观的心态，在生活中也会更加从容。

再次，树立信心。信心是一切力量的源泉，拥有信心的人就会有坚定的毅力，在困难面前会积极应对而不是被动地接受。他们从来不会抛弃自己，也不会怀疑自己。他们将失败看作是通往成功路上的一种必然，而不是终点。

最后，多交朋友。俗话说，一个篱笆三个桩，一个好汉三个帮。一个人如果结交广泛，那么做事也会顺利很多。而且朋友多的人，思想上也就会更加开放，更加乐观。如果你总是将自己封闭起来，那么阳光就难以到达心灵深处，更甚者还会产生心理疾病。况且，只要成为朋友，就肯定有彼此吸引的地方，而这也会通过言谈举止无意中透露出来，而这些信息被你捕捉，就会增强你的自信心。当你不开心时，朋友的安慰也可以让你更快地从阴影里走出。

　　所以，让我们学会以积极的心态来面对生活，让我们学会对生活微笑，而我们也会活得更加轻松。

剔除浮躁

　　浮躁就是不踏实，沉不住气。这是我们大多数人都爱犯的错误。对于年轻人来讲，由于不是很有耐心，一遇到事就容易冲动。而现代生活又是快节奏，我们每个人都如同上紧的发条一样，也很少能静下心来沉淀一下自己。

　　浮躁是我们的敌人，它会让我们自乱阵脚，失去方向。如果你想成功，就一定要有定力，让自己的头脑保持冷静。生活中总是充满各种各样的考验，所有的一切也并非总是按照我们的意愿去发展。因此，我们要学会平静地看待这一切。当然，如果你可以改变现状，让事物朝着你所希望的方向发展，那自然很好；如果你改变不了，就要学会坦然接受。

　　克服浮躁最好的办法就是学会专心。专心，就是将注意力集中于一点。它不仅可以让我们的能力发挥到最大，还可以防止我们被周围的琐事所烦扰。荀子在《劝学》中说过：蚯蚓没有锋利的爪牙，强壮的筋骨，却可以吃到地面上的黄土，也能够喝到地底的泉水，原因就在于它用心专一。螃蟹有八只脚和两个大钳子，但是它不靠蛇蟮的洞穴，就没有寄居的地方，原因就在于它浮躁而不专心。

我们的周围每天都在不断发生着变化，如果你总是被新奇的事物分散注意力，就会让自己做的事情变得毫无效率。尽管你付出了许多，但却收获很少。如果你可以集中精力，那么你的所有思想和智慧就能迸发，自然就会收到事半功倍的效果。可能我们大家小时候都玩过放大镜，当我们把一张纸放在放大镜的下面，用不了多久，那张纸就会燃烧起来，原因就在于放大镜把所有的阳光聚集在一起。但是一束阳光照在我们身上，只会上我们感觉很舒服，并没有其他的不适。这就是专注的力量。

生活中，如果我们可以保持一颗平常心，那么周围的事物就很少会影响到我们。但是，很多年轻人做事往往很冲动。计划还未制订好，有的人就开始行动了。等做到了一半，出现了许多意料之外的新情况，你才发现有许多因素当初没有考虑到，于是只好回过头来重新决策。这时，你已做了不少无用功，浪费了大量的人力物力。你后悔了，但后悔又有什么用呢？

　　在人际交往中亦是如此，你很少考虑你的言行举止是否得体，你常常很随便地做出令客人们惊讶的举动。比方说，在宴会上，你感到全身发热，于是毫不在意地松开了你的领结；你去音乐厅听演奏交响乐，一曲刚完，你便迫不及待地捧着一束鲜花冲上舞台。当你做出此类举动的时候，你从未想过别人会怎么看你，从未想过它所造成的影响。

　　其实你也知道那不该做，但每次总是先去做，然后才去思考。你有点鲁莽，容易受感情的支配。一位好朋友来找你，请你帮他在城里找份工作，你满口答应了；朋友走后你才觉得自己一无权力二无关系，自己还差点被老板炒了鱿鱼，要给朋友找工作简直就是叫你上月球。于是，你只好向朋友道歉。不过，你留给同事们的印象一般还不错。因为他们有时候也觉得你办事果断，从不拖泥带水。你也会因为这个而偶尔获得上司的赏识。不过大多数时候他们还是希望你能沉着谨慎一些。

　　另外，我们也要注意到，如果我们渴求得太多，反而什么都得不到。心中缺乏定力，也只会随遇而安。戒除浮躁并非要你不思进取，而是要你将所有的力量专注于一点。我们只有克服浮躁的毛病，才能脚踏实地，才能一步一步地走向成功。

学会取舍

我们总是在谈论"执着"这个词，将它看成是一个人走向成功的必备素质。的确如此，在前行的路上，总会遇到各种各样的困难，如果你一遇到困难就退缩，就肯定不会有什么成就。但是，执着也是有一定条件的，如果我们只懂得执着而不懂得放弃，也不会懂得生活。有时，我们是要学会放弃的，而且，放弃甚至比执着更需要一种勇气。因为，放弃也就意味着你会永远失去。但是，没有放弃就没有得到，生活就是有取有舍的，不懂得这个道理，就会在生活中不堪重负。

放弃并不等于失败，而是在另一方面有所取。放弃也不代表软弱，而是养精蓄锐，以图东山再起。之所以舍弃是为了更好的得到，就像一只盛满水的杯子，如果不将杯里的水倒掉，是装不进其他东西去的。

达尔文从小就对大自然产生了浓厚的兴趣，但是却遭到了父亲的反对。父亲认为那是不务正业，后来，他在父亲的执意下进了一所神学院学习。但是他发现自己对这些枯燥的经文实在没有什么兴趣，于是便放弃了神学院的学习。不久，他便跟随着"贝格尔号"巡洋舰做环球旅行。这次旅行对他来说意义重大，因为他在途中收集了许多资料，并对其进行了深入的研究，最后提出了进化论。因而，也成为科学史上的一名巨匠。

如果达尔文不是放弃了神学，就不会有他以后的成就。而我们人类也许还会生活在对生命的无知中。所以说，放弃并不代表失去，而是让我们及时调整方向，以取得更好的成绩，寻找一条更适合自己发展的道路。

每个人都有失误的时候，有时候是我们的眼光、判断出了问题，有时候是我们对自己的集训不够透彻导致目标的错位，有的是我们不想承认自己犯错而在那里一味地坚持。如果真是我们错了，就不要硬撑，而是应该及时地调整自己，这时就要学会放弃。比如，你从事了一项自己并不能胜任的工作，或是追求一个根本就不可能达成的目标，这时，就要学会当断则断，不能让自己在一棵树上吊死。天下没有圣人，就算是圣人也不可能一点儿失误都没有，只要知错能改，就没有什么大不了的。如果你不懂得放弃，就会让它们消磨掉我们更多宝贵的时光。

当然，有些东西是我们不能放弃的，比如尊严，比如亲情。如果你放弃了自己的尊严，就会成为任人践踏的对象。如果你放弃了亲情，就会生活在一个没有阳光的世界里。对于这些，我们就要做到执着，用我们的一生去捍卫它。

放弃是舍，还应该有取，如果你只知舍弃而不知获取，那你永远都会两手空空。

取，也并非越多就好，而是取那些与我们有用的东西。如果不分轻重，一味地"拿来主义"，恐怕最后也会让自己步履维艰了。

那么我们应该如何取呢？

首先，抓住主要目标。首先你要明白自己想要什么，然后才能去拿什么。如果你不分主次，眉毛胡子一把抓，可能忙了半天也得不到自己真正想要的。而且到时还会背上一大堆没用的东西，让自己很累。而且一个人的精力和时间毕竟是有限的，事事想要反而事事得不到，这也就是我们上面所提到的要学会放弃的原因。

其次，要学会遵守游戏规则。各行各业都有自己的准则，这些准则就像交通规则一样，可以保障道路的畅通。如果你为了得到而不顾这些规则，那么短时间内你可能会得手，但是却不会长久。就像闯红灯一样，最终会被警察逮住。当然，这里的规则并非一定的条条框框，而是道德标准，你绝不能为了自己得到而去损害他人的利益。

再次，要学会抓住机遇。现代社会，我们越来越认识到机遇的重要性。机遇是可遇而不可求的，一旦机遇来临，你就要紧紧地抓住，否则，就会让大好的机会在眼皮底下溜走，最后只能给自己留下悔恨。抓住机遇，不仅要有迅速的行动，还要有超前的眼光。也就是说在机遇到来之时你可以发现它；而发现之后就要立即采取行动，将它转化为现实的利益。

取舍是生活的一种艺术。只有学会它，你才能生活得更加轻松。

逆境而上者胜

当狂风暴雨来临，泥石流滚滚而下之时，你站在一座山脚下。此时你会如何做？A向风雨猛烈的山顶跑，B则迅速向平坦的低洼地带撤退。

每个人，在生命的途中都会遇到各种各样的困难。只是，不同的人，面对困难时的态度也就不同。弱者，顺流而下；勇者，迎难而上。

铸剑之人都知道，要想铸一把好剑，首先就要选一种好材料；其次才是精湛的手艺。如果你选的是一块废铁，无论你的铸造手艺有多高超，都不可能将它打造成一把锋利的宝剑。所以，任何事物，它的本质都是最重要的。人也如此。能否成功，看的就是你的本性。

俗话说："不磨不成玉，不苦不成人。"任何事物，想到达一定的境界，都必须经过一番刻苦的磨炼。就像我们刚刚买回家的镰刀，要使其锋利，就必须要在磨刀石上狠狠地磨上一磨；否则，只能做个摆设。

如果你不能忍受奋斗中的困苦，那么一生，充其量也只能活在对别人顶礼膜拜、鞠躬作揖之中。人生，是一个大舞台。各个角色粉墨登场，能否成功，就要看你的演技如何了。你在生活中越能坚持，越能奋斗，那么成功的机会也就会越大。

世界上，必定要有成功者与失败者。如果只有鲜花而没有坐在路边鼓掌的人，成功者也会感到寂寞。这是一种阴阳的平衡，就像有白天就一定要有黑夜。问题在于，你希望自己生活在黑暗之中还是阳光之下。

困难、挫折是我们人生中的一道分界线。经得住，你会得到光明；否则，等待你的将是黑暗。当然，两者并非固定不变；有的人可以由黑暗走向光明；有的人则由光明坠入黑暗。生命就是这样的流淌不息，变幻莫测。

从一个人面对困难所采取的态度，便可以看出他今后人生的走向。有些人一遇挫折便倒地不起，这样的人只会成为别人前进的一个台阶；有的人，在暴风雨中迎难而上，这样的人，最终也会见到绚丽的彩虹。

　　越是苦难的环境，越是能磨炼一个人的意志和心智。翻一下中国香港富豪的成长史，几乎就是一部血泪斑斑的磨难史。他们大多都是白手起家，没有任何背景，没有任何资金，甚至连文化水平也不高，但是，他们却可以创造出一个又一个商业上的神话。而还有一些人，不，应该是太多的人，比他们有身份、有地位、有资金、有背景，但是我们却始终记不住他们的名字，就是因为他们引以为傲的背景、身份、地位并没有给他们带来令人惊异的财富。所以，一个人最重要的，还是看他的精神，他面对生活的态度。

　　孟子说过："天将降大任于斯人也，必先苦其心志，劳其筋骨，饿其体肤，空乏其身，行拂乱其所为。所以动心忍性，增益其所不能。"成功，就是这样的一种磨砺。你是块好铁还不够，还要经过锤打、锻压，才能成器。

　　永远不要低估自己的力量，那样只会让你更轻易地为自己的失败和退却找到借口。困难可以诱发人们生命中的坚忍潜力，危险可以开启生命中勇敢的潜力，而这两者，都可以让你的生命绽放出光辉。

　　孟子曰："自暴者不可与有言也，自弃者不可与有为也。"意思是说，对于自暴者，不必与他交谈；对于自弃者，不要与他共事。如果你连自己都放弃了，又怎么能指望别人再来珍惜你呢？

　　但是，世界上最容易的事就是堕落。那几乎成为一种惯性、一种必然，似乎堕落就是人的一种天性。而成功的人，就是在与这种天性作斗争。于是，他们让自己的心智在煎熬中成熟、精神在折磨中升华。而一旦他们从中成功地走出，那么就会多一条成功飞跃龙门的鲤鱼。

　　所以，当你面对困难的时候，想好自己的态度了吗？

　　最后，让我们把上面那个题的答案告诉你吧！

　　当泥石流暴发，而此时你正位于山脚之时，如果你想生存，正确的做法不是向平坦的低洼地带撤退，而是应该迎难而上，向着山顶的方向前进。因为，你就算再快，也不可能快得过奔涌而下的泥石流，所以你随时就有被它吞没的危险。而迎难而上，尽管会很缓慢，但至少山顶是没有泥石流的，这样，你也就少了一份危险。也就是说，你多了一份艰难，却也多了一分生存的希望。而这，也是我们在面对困难时所应采取的态度吧！

心态平衡，不计得失

　　现代生活节奏越来越快，我们也随之而不停地转动。从早上一睁眼，一直到晚上上床，好像很少有时间可以闲下来。于是，好多的人发出了无奈的叹息：生活真累。的确，生活不是一件容易的事，我们要为自己的柴米油盐而整日操劳。但仅仅是这些吗？当然不是，我们所要求的不仅仅是这些，我们还希望自己可以得到更多的金钱、更高的地位、更大的权力，所以我们成天像个机器人，忙忙碌碌中连自己也给忘记了。

　　当我们得到我们想要的东西时，自然会很开心。但是得到并不是目的，我们还要学会享受。如果你一味只想让自己得到而忘了让自己享受生活的话，那么得到的越多，就会感觉越累。因为你总是会怕自己辛辛苦苦得到的一切会突然之间失去，而一旦失去就会变得焦躁不安。所以你的精神会变得高度紧张，成天让自己生活在忧虑中。

其实我们每天都生活在得与失里。有得就有失，有因就有果。人生就是这样的无常，而名与利就是没完没了的得与失。

因此，我们要学会调整自己的心情。佛家总是劝人要安于平淡，这是有一定的道理的。安于平淡，就是要我们学会不计得失，跳出物欲的控制。得与失其实并非是绝对的，它们是相对存在的。比如，你输了一场比赛，却得到了一个教训；失去了一份感情，却得到一份轻松。你得到的同时，也在失去。得到荣誉，或许就会失去动力；得到金钱，或许就会失去快乐；得到权力，或许就会失去自由。

其实无论得与失，只要你心中感到满足，就值得去庆祝。人生短暂，只知忙碌而不知享受生活的人真的很可怜。而为了一些身外之物而放弃做人的尊严就更加的可悲了。执着是一种好的品质，但过于执着，就是人生的一种不智了。

有一位老人，酷爱收集古董。一日在集市闲逛，发现一件自己梦寐以求的藏品，于是便花大价钱买了下来，然后找来一辆马车，往回拉。谁知由于绳子不结实，古董滚落了下来，摔了个粉碎。但老人却头也不回，继续往前走。路人看见，便冲他大喊东西碎了。可老人还是没有回头。既然东西已经摔得粉碎，就没有可能再去复原，就算你哭天喊地也是没用，所以何必要回头，又何必去留恋。

　　如果一心想得到，也许反而会失去。因为强烈的欲望会让你的方寸大乱，也会遮住你的双眼。如果能让自己保持平静，也许一切却会自然而来。当然，安于平静并非让我们不思进取，那样我们就会失去前进的动力，也不会有什么太大成就。只是，我们要学会保持一颗平常心。得到，不得意忘形；失去，也不怨天尤人。无论是谁，王侯将相抑或平头百姓，都不可能事事如愿，将所有自己喜爱的事物收入囊中。最重要的是过程。你为了自己心爱的事物而拼搏过、努力过，也就够了。至于结果，我们甚至可以忽略。当我们超越得失之后，也自然会收获自己的一份宁静。

第三章

从容地生活

含蓄的力量

中国有句老话：直木先伐，甘井先竭。意思是说，如果树木过于挺拔，就会最先被别人砍伐用来做木材；水井过于甘甜，就会先被人们喝干。人生也是如此。如果我们锋芒毕露，不懂得隐藏自己，就会招来灾祸。

要学会保护自己，就要学会含蓄。含蓄，就是藏起锋芒和聪明，所以它不失为保护自己的一种极好的手段。有人或许会说，把自己的聪明和才华全都隐藏起来，别人又怎么会知道你有能力呢？我们所说的并非这个意思。学会含蓄，并非让你将自己的所有才华通通埋葬。隐藏是一种智慧，对于你的敌人来说，他弄不清楚你的实力，贸然出手，可能就会被你逮个正着。对于你的合作方来说，可以让他们使出自己的最大能力，全力以赴。如果你正在与自己的上级打交道，那就更加应该注

意了，千万不能表现得比他聪明。或许他错了，但你也要让他
觉得最后的错误是他自己纠正过来的，损失是他自己挽回的。
或许你会说这很虚伪，这不是虚伪，而是做人的一种手段，一
种智慧。

但是，我们却总是喜欢把自己的智慧显露出来，因为那样
会让我们得到别人赞叹，还有更多的掌声，并且可以满足我们
的虚荣心。毕竟，让人感觉聪明是件很让人高兴的事。但是，
聪明也是分场合的，就像三国时的杨修。杨修的确聪明，可他
错就错在太聪明了，把一切都看得太透。曹操生性奸诈、多
疑，有些事情是不希望被别人看穿的。我们也有这样的感受，
如果我们的小秘密或鬼把戏被人揭穿，就会感到很不舒服。他
不懂得隐藏自己的智慧，结果最后招来了杀身之祸。尽管最后
事实证明他是对的，但是已经于事无补，因为他已经把自己的
性命搭上了。

其实，有价值的东西不一定要显露出来。否则，再陡峭的
崖壁也不能使灵芝安身；再粗壮的躯体，也难以让象齿自毁。

含蓄也并非让你埋葬自己的才华，如果你认为自己真的有
智慧，在和平时就要隐藏起自己的智慧，只有在需要你的智慧
时，如果你能充分展现，你就会获得成功，就会获得他人的尊

敬，这或许就是我们所讲的内敛吧。

　　当然，我们所讲的含蓄是敛其锋芒，但该出手时就出手，却不会让其锋芒伤到自己。含蓄，就像宣纸上着墨不多的中国画，简洁中藏着丰富，黑色中蕴含着色彩，大片的空白则留给读者任意驰骋自己的想象。张扬是一种露骨的宣泄，可能一时会很痛快，但是却缺少内涵，而别人对你的锋芒有所提防你也就难以下手，顶多只能吓吓人；而含蓄却可以让你在不经意间置人于死地。

　　学会含蓄，学会收敛你的聪明，你也就会更加智慧地生活了。

学会隐蔽

　　隐蔽与含蓄有许多相同之处，但又不完全相同。含蓄是让你变得更加委婉，而隐蔽则是让你学会隐藏自己。

　　凡是聪明之人，总想让自己才华尽展。其实，每个人都会遇到一展才华的机会，这时我们自然应该善加利用。有些才华横溢之人会把很微小的才华也展示出来，使其成为自身的一个发光点。而如果他们将自己卓越的才能展示出来时，却会让人震惊了。

　　才华应该展露，但却不能炫耀，否则就会流于自大，而自大就会招人轻视了。做事应该有度，如果你超过了那个界线就会反受其害。许多人因为不懂得这个道理而白白搭上了自己的性命。

　　隋朝的薛道衡，13岁便能讲《左氏春秋传》。隋高祖时任内史侍郎，杨广时任潘州刺史。后来，被召还京，上《高祖颂》，文辞华美。杨广本来就是嫉贤妒能之辈，生怕别人超过他，看到这篇奏疏，心中不悦，说只不过是文辞漂亮。后来，随便找了一个借口便把薛道衡给绞死了，天下人都认为薛道衡死得冤。这自然是杨广的错，但是，如果薛道衡能够懂得敛其锋芒的话，也许就不会招致杀身之祸了。

有人或许会说，有了聪明都不能展现，是否活得太窝囊、太累了。毕竟历史背景不同，你周围的环境也不相同。我们所说的也是有一定的条件限制的，并非让你将其奉为万古不变的真理。如果你的上司是"明君"，可以大度容人、求贤若渴，那你自然应该尽展智慧，为其效力。如果你遇到的是一个心胸狭窄、嫉贤妒能之人，因为你的聪明反而让他感到了威胁，那么他自然会对你提高警惕，弄不好找个借口就会将你踢出门外，那么此时，你就要学会隐藏了。当然，隐藏并不是最终的目的，只是一种方式，你可以再待时机。像这样的领导一般待的时间也不会太长，因为这样下去他手下有用之人就会走光，而到时，他的领导也肯定不会放过他的。

历史上，善于隐蔽的高手是萧何。萧何与韩信同为开国功臣，但韩信最后被杀害，萧何却平安无事，一生荣华富贵。

　　韩信之所以被杀是因为他功高盖主，让刘邦感到了威胁。萧何呢？对汉氏江山也曾立下了汗马功劳，但却可以打消刘邦的疑虑，并受到重用，这与其性格是分不开的。

　　刘邦与萧何早年相识，当时刘邦还只是泗水亭的一个小亭长。刘邦起义之后，萧何便一直跟随其左右，楚汉相争以及汉朝开国的大政方针无一不是出自他手，而刘邦对他也是言听计从。但是，刘邦对他也不是完全没有戒心，但他总能很好地化解。

　　楚汉相争之时，刘邦令萧何留守关中，辅佐太子刘盈，自己则亲率大军讨伐项羽。汉三年，双方展开对峙，战争异常激烈。但刘邦却多次派人回关中慰问萧何。萧何对此并未觉得有何不妥，门客鲍生却提醒萧何说："现如今汉王领兵在外，风餐露宿，十分辛苦，却几次三番派人前来，是对丞相生了疑心。此时你若能在亲族中挑选年轻力壮之士，押运粮草，到前方从军，这样便可打消汉王疑虑。"萧何听后猛醒，依计行事，打消了刘邦的疑虑。

　　汉十一年，淮南王英布反，刘邦移师前去征讨。其间多次派使回长安打听相国的动向。使臣回报说："因陛下忙于政务，相国在都抚恤百姓、筹办粮饷。"有一门客得知此事，对萧何说："你离灭族不远了。"萧何大惊。此人接着说："公位至相国，功居第一，无法再加。且久居关中，深得民心，若乘虚而动，岂不威胁到皇上。您现在这么尽心竭力，更加重了他对您的疑心。长此下去，不是大祸临头吗？现在不如自毁声誉，如此才可保平安。"萧何依计而行。

刘邦返回长安途中，不少百姓拦路上书，状告萧何。刘邦招萧何入宫，萧何见刘邦并无深究之意，退下后，将所占田宅悉数退还，百姓怨气渐平。萧何不仅保住了自己的性命，还让刘邦得到了一个好名声。

历朝历代，打下江山后的功臣有好多都会遭到兔死狗烹的命运，原因就在于他们不懂得隐藏自己。打江山时，你可以锋芒毕露，因为这时你的主子需要利用你来实现他称霸天下的野心。但若天下已定，你仍不知收敛的话，就会成为他的一块心病。所以，我们此时就要学会隐蔽，学会急流勇退。如果你做不到，恐怕到时就会性命难保了。

不露锋芒，就难以得到重用；锋芒太露，就会招来灾难。施展才华没有错，但也一定要把握好度。

历史在不停地变化，它留给我们许多的经验，也留给我们许多的教训。隐蔽是一种韬光养晦，是一种含蓄，也是一种藏而不露。它可以让我们不暴露自己的底细和实力，让我们的敌人难以入手。也可以让我们更好地保护自己，给自己设一道屏障。隐蔽不是懦弱，而是实力的一种积累；隐蔽不是消极，而是锋芒的一种内敛。学会隐蔽，你在生活中也会更加如鱼得水。

聪明反被聪明误

人人都羡慕聪明，每个人都希望自己比谁都聪明，却不知聪明也有遭遇尴尬的时候。

在美国，五星上将是海陆空三军的最高将领，也是美国的最高军衔。但是，能获此军衔的人却是少之又少，至今为止也仅仅10人而已。而这些人当中，最出众的当数麦克阿瑟。

麦克阿瑟在第二次世界大战中立下了赫赫战功。他当时任盟军统帅，以其过人的胆量及智慧取得了辉煌的战绩。但是，在实际生活中，他却因为自己出众的才华而目空一切、盛气凌人、妄自尊大，这使得他很难处理好与上级的关系，最终断送了自己的前程。

麦克阿瑟毕业于美国西点军校。这是美国军事家的摇篮，他在这里学习了4年，并表现出了杰出的军事才能。而他也成为西点军校有史以来最优秀的学生。他是唯一一位以全优成绩毕业的学生，这一纪录，至今仍没有人可以打破。

早在第一次世界大战当中，麦克阿瑟就立下了赫赫战功。第一次世界大战结束后，他成为西点军校的校长，也是有史以来这个著名军校中最年轻的一位校长。在他50岁的时候，又成为美国历史上最年轻的一位参谋长。

由于这些经历，养成了他恃才傲物的性格。第二次世界大战期间，他桀骜不驯的性格更加彰显。他和巴顿都以"抗上"闻名。因为他的个性，导致他与历届总统的关系都十分紧张。最为紧张的当数与杜鲁门的关系。第二次世界大战胜利后，他又多次违背命令，在对日政策、台湾省问题以及朝鲜战争等问题上多次与杜鲁门发生冲突。他的不驯让杜鲁门感到忍无可忍，最后削去了他的全部职务，而且事先根本没有与他打招呼，而是直接在媒体上公布。这让麦克阿瑟感到很伤心，他曾不无感慨地说道："即使打发小当差、打杂役的女工或者任何仆役，也没有人会如此冷酷无情，不顾普通的待人之道。"

　　因为自负与刚愎自用，麦克阿瑟在战场上的辉煌也因他的性格而大打折扣。当他与艾森豪威尔角逐总统宝座时，尽管后者无论在哪一方面都稍逊于他，但最终人民却选择了艾森豪威尔。这个在战场上叱咤风云的人物最终的归宿是政治上的流放。

　　没有人会怀疑麦克阿瑟的才能和智慧，但是，正是他的才能和智慧也成为阻碍他发展的一种障碍。为什么这么说呢？因为智商高的人往往会犯以下错误：

　　（1）骄傲自大。聪明的人总会以为自己无所不能，以为凭借自己的智慧可以解决一切，因此就会骄傲自大，目中无人。这样就会让自己陷入社交的困境中去。而一个人，无论他多么有智慧，如果不能学会与别人相处的技巧，也会对自己的发展造成难以逾越的障碍。而且，由于他们过于迷信自己，所以容易陷入个人主义的泥淖之中，有时会因为自己的判断失误而造成难以挽回的损失。由于人际关系总是时时处于紧张，所以很难得到管理类的工作，只能自己单兵作战。当然，如果他们可以克服上面的缺点，还是很有发展前途的。

　　（2）孤立无援。自认为聪明的人很少能听进别人的意见，他们总是认为只有自己才是对的，对好些思维比他们慢的人不屑一顾。他们也只和一些极少数的高智商的人交往，不屑与人合作，并且用自己的聪明排斥他人的经验，久而久之，就会离群寡居，让自己孤立无援。

（3）过分好胜。一个人才华再卓著，也只能在一两个领域内有自己的优势，而在其他方面，也只不过和平常人一样。但是他们却忘了这个道理，以为自己无所不能，处处争强好胜。偶尔也会得手，但是一旦遇到一个自己无法超越的人，就会对自己的能力产生怀疑和动摇，而对自己的崇拜也随之而打破，感觉世界末日到来一般。处处与人争强也会让自己疲惫不堪。

（4）不顾后果。聪明之人对自己有高度的自信，并对自身能力过分迷恋，所以他们总是喜欢冒险。因为他们不按常理出牌，也往往会取得成功，而这更加增强了他们的个人崇拜。但是，由于他们往往会把一切都押在自己的聪明上，所以一旦他们失败，处境也会很惨，以致伤到元气，很难恢复。

聪明是把双刃剑，使用不好也会伤了自己，因此我们要谨慎对待。聪明可以展示，但是不能拿来炫耀。有才华的人更应该学会保护自己，学会合理使用自己的智慧，让它成为自己发展的一种助推器，而不是一种障碍。

切忌过度自信

　　列宁说过："自信是走向成功的第一步。"我们也总是推崇自信，因为一个人如果没有信心的话就难以成事。但是，如果自信超过了一定的限度也不是一件好事。因为过度的自信会让我们对自身的评价发生偏差，过高地估计自己，过低地评价对手，以致在制定战略时忽略一切，藐视一切。

　　物极必反，所有的事物都要有个度。一旦超过了那个界限，就会向相反的方向发展。自信也是如此。真正自信的人，无论何时都可以正面地评价自己，但又不会陷入自大之中。一个人，只有对自身有一个正确的认识，才能从具体的状况出发，并不断随着周围环境的变化而不断地调整战略，使自己的心态永远保持积极，但又不会让自己丧失警惕。

　　过度自信的人常犯的错误通常有以下四点：

（1）盲目自大，对自己没有一个清楚的认识。过度自信的人，或者在某一方面有过人的天赋，或者曾经做出过骄人的业绩。他们往往会停留在对自我的陶醉之中，不能以发展的眼光来看待自己。盲目夸大自身的优点，而对自己的缺点却视而不见，总喜欢用自己的长处去比较别人的短处。这时，他就会变得自大、目空一切，难以听取别人的意见。而对别人的经验和教训也会嗤之以鼻，久而久之，就会造成思想僵化，行动保守要么被淘汰，要么被别人击垮。而由于他们往往会低估别人的力量，所以也总是会让自己遭到失败的命运。

（2）自我封闭，不思进取。一个人如果过度自信，就容易强调自我，忽视他人、社会及时代的发展对自己的影响。我们每个人只有与社会相容，与时代的发展相同步，才能够得到发展。如果忽略了这一点，就会被社会所抛弃。

社会的进步，是这社会中每一个成员贡献自己聪明才智的结果。而我们每个人也只有在社会这个大舞台中才能够实现自己的价值。所以，人与社会应该是相容的，不能互相排斥。过度自信的人由于对自己的估价过高，往往会把别人排斥在外，从而也会使自己封闭在一个小圈子内，没有办法去吸收更多的知识，开拓更广的眼界，慢慢地就会落后于时代。

　　（3）单兵作战，让自己陷于孤立。过度自信的人总是很难听进别人的意见，可能一时他们会因为自己的智慧而成功。但是，他们也会有失误的时候，这时就会造成很严重的损失。如果他还没有处于领导地位，那么他的自负就会让他陷入社交的困境。毕竟，现在已不再是单兵作战的时代，只有集合起所有人的力量才能创造出最大的效益，作为一个管理者更应该如此。所以，哪怕一个人再有才华，如果不懂得这个道理，也难以得到重用。而如果他有幸已经做到了管理者的位置，那么他的性格也会对他产生不利的影响。这样的人一般都会目中无人，而每个人又都是有自尊心的，所以，哪怕下属再忠诚，也会有忍受不了的那一天，最后只好离开。而且，越是有才能的人，越是有个性的人，这种自尊心越是强烈。而能留下的，只能是些没有什么主见的，或者见风转舵的小人，万一落难，就会成为孤家寡人，连个可以帮助他的人都没有，最后只能以悲剧收场。

　　（4）盲目冒进，得不偿失。过度自信的人总会过高估计自身的实力，而对对手产生轻视的心理。做事时就不会有统筹的安排、周详的计划，遇到紧急的情况也就难以应变。往往由于贪快或对自己的过度自信而一味冒进，最后只能让自己尝到失败的苦果。

　　自信是我们所应该具有的品质，但是自信过了头就成了自负了。自信是一种内示行为，主要是鼓励自己以达到预定的目的。自负也是一种内示行为，但它却使一个人的内心过度膨胀，以致看不到自己的缺点。自信的人展示才能的方式是温和的，而自负的人却锋芒毕露；自信是一种自我激励，而自负却是自我陶醉、自我欺骗。

　　当然，年轻人有些自负也是难免。由于刚刚步入社会，对自身的认识不是那么准确，对困难的认识也并不那么深刻，所以往往就会有自负的毛病。而随着我们阅历的增加、见闻的增多，这种缺点也会渐渐地改正。但是，由于个性的原因，或许有些人无论到了哪一阶段，这种缺点都难以克服。尤其是在我们盛赞自信时，往往也会将自负当成自信的表现，这就更显示性格是个多面体、多棱镜，是个难以搞清的例题。

　　一个人如果不仅自信，而且还谦虚的话，无论是在生活还是工作中，都会取得不错的成绩。自信可以让他内心的潜能进一步爆发，而谦虚又可以让他脚踏实地。所以，如果你现在已经有信心了，那么就再让自己更谦虚一些，这样，你的事业或者生活也会越来越成功。

虚荣心害人

　　虚荣心是人们普遍存在的一种心理现象。因为我们总是渴望得到别人的承认，得到别人的认可以及希望获得更多的掌声。所以，我们也就有了虚荣心。有一点儿虚荣也无可非议，但是如果为了虚荣而生存，就有点可悲了。因为虚荣心太强，就会让我们的内心发生扭曲，不能脚踏实地，从而成为阻碍我们成功的一种障碍。

　　如果你把太多的时间用在如何获得别人认可，如何得到别人的肯定，而不是用在工作上，那么你就不可能取得很好的成果。而且，如果长久地生活在别人的眼里，而不是做一个真正的自我，那么你也会慢慢地失去自己、迷失自己。当然，别人赞美、表扬以及掌声会让我们感觉很舒服，获取别人的承认可以使我们得到心理上的满足。但是，如果这种现象成为一种必需而不是渴望之时，就成为爱慕虚荣的一种表现了。

你渴望得到别人的赞美，一旦获得了这种认可，你就会很有成就感。但是，如果一味地让自己陷入这种感觉之中而不能自拔的话，一旦得不到它，就会让你感到失落，这时，自暴自弃的因素就会潜入到我们的头脑中来。而由于你过于在乎自己在别人心目中的形象，也会让自己的人生方向发生迷失。无论做什么，你都会先用别人的眼光来衡量，你不再是为了自己而活，而是为了别人的喜怒哀乐而活。你甚至会为了讨好别人而放弃自己的准则。这样，你只会成为一个没有思想的玩偶。

如果你希望自己获得成功，获得幸福，那么你就必须走出别人的影子，做回自己。虚荣心会像藤条一样紧紧把你缠绕起来，过度的爱慕虚荣，会成为一种自欺欺人，也会让自己渐渐失去别人的信任。但是，虚荣心是我们人类的一种恶习，想要根除，是很困难的。如果想从根本上解决这个问题，不是如何破坏它，而是如何改善它，通过一种正确的引导，使其向着正确的方向发展。当然，如果虚荣心控制在一定的范围之内，对我们还是有利的，它会刺激我们不断前进，让我们不断地改善自己、完美自己，也会给我们的生活增添一抹色彩。但是切不可让其膨胀成为我们内心的主宰，那样我们只能自食其果。

那么，我们又该如何来克服虚荣呢？

（1）提高自我认识。克服虚荣的最好办法就是对自身的状况有一个正确的认识。一个人如果能够认清自身的优点和缺点，就能够正确地评价自己。这样就不会因为自己的弱项而自卑，也不会一味地夸大自我形象。老子说过"自知者明"，因此认清自己也可以让我们打破个人崇拜，更好地面对生活。

（2）做到自尊自重。自尊自重是一个人最基本的素质。一个懂得自尊的人也自然会赢得别人的尊重。如果你所有的一切不是建立在自尊自重的基础上，而是建立在欺骗上，或许一时会赢得别人的掌声，但是万一鬼把戏被人揭穿，就会遭到别人的厌恶。我们要学会珍惜自己的人格，只有这样，才不会让虚荣心抬头。

（3）正确对待别人的评论。每个人都不可能独立地存在，我们生活在一个群体中，自己的一举一动也会影响到别人。别人也会对我们的行动产生一定的反应。我们要正确对待这些反映，不能让它左右我们的生活，也不能对其完全置之不理。有些评论是中肯的，这时我们就应该虚心地接受，以便改进自己，提升自己。而有些评论可能就有失偏颇了，这时我们就应该正确认识自己，而不能被那些言过其实的马屁奉承话冲昏了头脑，不知道自己吃几碗干饭。

　　爱慕虚荣的人总希望自己可以得到别人的赞美，因此也就会让自己去刻意地讨好别人。但是，没有一个人会得到所有人的赞美，如果你只在乎别人对你的评价，就会失去了自己。如果你能够学会坦然面对周围的言论，那么在人格上也就会变得更加成熟了。

　　（4）克服盲目攀比心理。虚荣的另一个表现就是处处与人攀比，如果自己可以比别人高出一等，就会感觉特别优越；如果自己不如别人，就会感觉很没面子，自尊心也会受到极大的打击。其实，任何人都不是完美无缺的，有自己的长处，也有自己的弱项。有的人更加健壮；有的人家境很好，有的人则工作更加出色。所以，不必希望自己在任何方面都领先于别人。只要你能充分发挥好自己的长项，就可以在自己的领域里做出出色的业绩。而如果你争强好胜，可能处处做不好，最后落得个一败涂地。所以，学会正确地看待自己，用一颗平常心来对待一切。

收敛你自负的锋芒

　　自信是一个成功者所必备的素质，但自信过了头就成了自负。我们可以自信，但是绝不能自负。

　　自信与自负是两个完全不同的概念。自信是建立在对自身的实力有充分认识的基础上，而自负则是过高地估计自己的实力，以至于脱离实际。自信与自负有时会很难区分，容易使我们产生混淆。

　　自信的人表现为相信自己的实力，但谦恭有礼，不自满。而自负的人则自以为是、张扬跋扈，听不进别人的意见，久而久之，就会故步自封、停滞不前。自信是一种内示行为，其目的主要是鼓舞自己达到成功。自负虽然也是一种内示行为，但却令自我膨胀，看不到自身的缺点。自信有时也表露或宣泄，但方向是对内加强自省自励。而自负则是自我陶醉，自我欺骗。

　　自负对我们自身的发展是不利的。首先，它会让我们对自身的认识发生偏差。自负会让我们盲目乐观而闭目塞听，看不清自己的优劣势。无论你做什么事情，都必须从自身实际出发，否则就会吃到失败的苦果。其次，它会让我们不思进取。自负的人只看到自身的优点而忽视自身的缺点，盲目自大、听不进别人的意见，慢慢就会使自己的思想僵化，落后于时代潮流。再次，会给我们的社交带来负面影响。自负的人一般都锋芒毕露，喜欢用自己的标准去要求别人，强迫别人接受自己的意见，久而久之，就会使周围的人感到厌烦，让自己的社交陷入困境。

　　对于青年人来说，由于涉世不深，对自我的认识不全面，很容易就会让自己陷入自负的误区中去。我们必须改正这种缺点，建立正确的自信。如何才能建立基自信而避免自负呢？

　　首先，学会正确看待自己。之所以自负，就是因为我们会忽视自身的缺点。而正确地看待自己，可以杜绝这种盲目性。老子说过：自知者明。当我们对自身有一个正确的认识之后，也就会调整好自己的心态，正确地面对生活了。

　　其次，学会虚心。虚心才会知不足，知不足才会求进取。一般人在两种情况下容易产生自负的情绪。一是本身曾经取得过辉煌的成绩，因此而目中无人，妄自尊大；二是阅历太浅，接触的事物比较少，对世界没有一个清楚的认识。对于第一种类型的人，盲目生活在乐观中，如果某一天遇到比自己更加强大的对手，就会打破对自身的崇拜，而且很容易陷入悲观失望中去。而对于第二种类型的人，随着自身见识的增多，这种自负的缺点也会慢慢得到改正。

再次，收敛锋芒，学会倾听。自负的人一般都以自我为中心，他们往往会是别人的焦点，因为他们总是在夸夸其谈。因此，想要克服这种毛病，就要学会让自己少发言，多听听别人的意见。当然，这并非让你成为一个"闷葫芦"。一个人能够学会倾听，就会克服内心的浮躁情绪，这样，自负也就无处扎根了。

最后，让自己保持一颗平常心。平常心，就要求我们在遇到困难时不气馁，在得意之时不忘形。一个人如果可以学会用一颗平常心来看待周围的事物，那么外在世界就很少会影响到他，而内心的平静也可以让他有更多的时间来看清自我、反省自我。当我们的内在与外在得到统一的时候，我们的精神世界也就会升华到一个更高的层次。

没有信心的人不可能取得太大的成就，因为信心是我们的精神支柱，也是我们力量的源泉。而自信心的过度膨胀又会导致自负，同样会对我们的发展产生不利。我们必须正确地区分这两者，以使自身可以得到健康的发展。

难得糊涂

清代文学家、书画家郑板桥有句名言：难得糊涂。揭示了我们为人处世的一个道理。为什么要"糊涂"，因为聪明会徒增烦恼。因为你把问题看得太清楚、太透彻，个中缘由便无法理解，若解释了，更会增添烦恼，还不如装作一无所知。

人生错综复杂，有些事，的确不能太认真了。我们总会羡慕小孩子，因为他们总是那样的无忧无虑。其实，世界是一样的世界，他们的世界也并不比我们的更加轻松和多姿多彩。只是，他们天真，他们不懂世俗的纠葛，因此也就不会身陷其中了。倒是我们，让自己在纷繁复杂的俗务中举步维艰。

生活是一团乱麻，你越是极力去解，它就会缠绕得越紧。所以，凡事不妨装装糊涂，反而会很快从纷扰的环境中脱身。

齐国曾有一名叫隰斯弥的官员，他的住所正好与田常的官

邸相邻。田常乃齐国的权贵，且野心勃勃。隰斯弥知道他居心叵测，但表面上却不动声色，假装不知。

一日，隰斯弥前往田常府上拜访。田常按常理接待他之后，还破例将他带至府邸高楼之上观赏风景。登高望远，周围景物都可一览无余，唯独南面的视线被隰斯弥家的一株巨树所挡。隰斯弥自然明白这是什么意思，回家之后，便命人砍掉那棵大树。但工人还未动工，他却又阻止。众人感到奇怪，便问他这是何故。隰斯弥说，"知渊中鱼都不祥"，意思是说看透别人的秘密并不是件好事。田常此时正在图谋大事，最怕别人看穿他的心思。若今日砍树，便会让田常觉得他机智过人，会看透自己的阴谋，到时反而会遭其毒手。而留下这株树，田常最多也只会怪他不善解人意，但却不会招来杀身祸，所以，不妨装装糊涂，以求保全性命。

知道太多，就会惹祸，适时装装糊涂，却可以明哲保身，这也是一种处事的哲学吧！

难得糊涂也并非让我们放弃自己的原则，相反，这反而会使我们的主张可以得到更好地贯彻执行。

在唐代，郭子仪之子郭暧娶了唐代宗李豫的女儿升平公主。一次，小夫妻发生口角，面对公主的蛮横，郭暧实在是忍不下去了，就反驳说："你倚仗你父亲是皇帝吗？我父还嫌天子不做呢！"听了这句大逆不道的话，任性的升平公主哭着回宫向李豫告状。李豫听了这些话后，就劝女儿道："他父亲嫌天子不做是实情，若是不嫌弃，天下哪里还会姓李呢！"李豫面对请罪的郭氏父子也安慰道："俗话说'不痴不聋，不做家翁'。小儿们拌嘴，哪里用得着听！"唐代宗没有因为天子的光环而晕眩，而以清醒的头脑想透了怎样处理这件事才算恰当，那就是装糊涂。假若李豫不能"糊涂一点儿"，一味地去追究郭暧的罪过，结果就算是不会丢掉江山，那也会因此就失去爱婿，会伤了功臣的心，大唐的江山至少不会太稳固。

所以，一个人要想活得开心，就要会对身边的人和事持一份"糊涂"。在我们身边，无论是与同事，邻里之间，还是与萍水相逢之人，都不免会产生一些摩擦，如果都去斤斤计较，患得患失的话，结果就会使人越想越气，伤害身体，最后激化矛盾。如果遇事"糊涂一点儿"，麻烦、恼火、损失自然就少得多，活的快乐就是自然而然的事了。

"糊涂一点儿"，就能够从琐碎的事情中解脱出来，集中精力去办大事，就能够从不必要的纠缠中挣脱出来，去争取更大的利益。愚笨的人在人际交往中处处要表现自己的"精明"，有才气的人在人际交往中常把"糊涂一点儿"作为特定情况下的交际武器，去解决一些棘手的难题。

聪明，不是用来展示的，否则，就像被戳穿了谜底的魔术一样，变得失去了意义。也许，此时，装糊涂会是最好的解决问题的办法。智慧的表现方式也并非一种，只要最终的结果一样，也就够了。

当然，难得糊涂也并非让我们自暴自弃，对周围的事物视而不见、自欺欺人，而是对生活真正的参透、悟透。毕竟有些事若改变不了，就要让自己学会接受，树起"糊涂"这面旗帜，才能遮盖住心中的不平，才能更加轻松地生活。当我们学会接受现实，用一种以不变应万变的姿态来面对生活时，也就会进入一种超然的境界了。

吃亏是福

有句话叫作"好汉不吃眼前亏"，是指聪明人能够见机行事，可以避开不利因素。这是一种弯曲艺术。我们没有必要事事争强好胜，那样会让我们浪费掉大量的精力和财力，所以，有时不妨学会忍让。郑板桥有句名言："吃亏是福"，道出了为人处事的一个真理。

郑板桥，原名郑燮，清朝江苏兴化人，乾隆年间进士，后出任山东潍县知县，其个性刚正耿直，为官清廉，深受百姓爱戴。某年山东大旱，赤地千里，民不聊生。郑板桥为民请命，结果得罪了上面的封疆大吏，被撤职，回到了老家。从别人的眼里来看，郑板桥丢掉了乌纱帽，葬送了大好前程，真的是吃了大亏。但是，正因为郑板桥退出了官场，没有了俗事的羁绊，所以他才可以将所有的心思都用来研究诗词书画，终于自成一家。他的诗工整隽永，书法俊朗秀挺，而画则清幽淡雅，尤其是他画的竹，秀逸有致，格骨奇高，被当世之人所称颂，也为后世之人所敬仰。有人说："没有当日郑板桥开缺回乡，就没有后来诗、书、画三绝并存的郑板桥了。"的确，如果郑板桥留恋官场，凭他清高孤傲的个性，是绝不会去巴结那些权贵的，所以，也很难会官运亨通，到时留在历史上的，也不过是个并没有多大名气的小官。而退出官场，却可以让他充分发挥自己的特长，不但可以让自己从乌烟瘴气的官场中解脱出来，还在中国的书画史上留下了浓墨重彩的一笔。郑板桥也因此而总结出做人的真谛，这便是"吃亏是福"。

只是，我们很少有人能明白这个道理。因为在大多数人的眼里，吃亏是软弱的表现。但是，人生是需要有进有退的，只知进而不知退的人只能处处碰壁。吃亏也是化解矛盾的最好办法，比如，别人踩了你一脚，你如果立刻再回踩一脚，两个人肯定要冲突起来。但是，如果退让一步，一场争斗也自然可以避免了。我们当然不能说这叫软弱，而是把它看成是有涵养的表现。生活中，也正是有了这些退让，才会变得更加和谐。

　　生活中，总有一些事情是我们无能为力的，这时就要学会坦然面对。如果你执意要与比你强大得多的敌人争斗，只能白白做出牺牲。所以，此时就要学会吃亏。吃亏不是终点，而是一种策略，可以让我们保存自己的实力。勾践为了越国，忍辱负重多年，最后终于灭掉了吴国，成为春秋时期最后一个霸主。

　　大丈夫处事，就要学会能屈能伸。身在屋檐下，就一定要学会低头。古人云：小不忍则乱大谋。凡事有所失必有所得，你退一步，可以避免一场无谓的争执，可以保存自己的实力，还可以展示一下自己的涵养。所以，不妨拿出一块心地，单搁不平之事，闭起双眼，权当不觉。

　　我们知道，最好的钢不但要有很高的硬度，还要有一定的韧性，否则就很容易被折断。最好的性格也并非如钢铁般的坚硬，而是蒲草般的柔韧。

　　能屈能伸，才称得上大丈夫。所以要学会吃亏，吃亏是福。

第四章

做事有尺度

勇敢助你走上成功的殿堂

　　勇敢是每个人都具有的一种能力，没有一个人是生来就懦弱的，同样也就没有天生缺乏意志的人。意志不坚定及懦弱都是后天环境造成的。因此，一个人具备了勇敢的力量，就能让自己走上成功的殿堂。为此，三国时期的刘邵在《辨经》里说："勇武雄悍的人，意气风发，勇敢果断，不对勇悍造成的毁害失误引以为戒，反而视和顺、忍耐为怯弱，尽势任性。因此，这种人可以共赴危难，难以处穷守约。"

　　那么，该如何培养自己的勇敢呢？人，是自己的主人。谁能够驾驭自己，谁就能够取得非凡的成绩。而最重要的，就是要培养自己一种勇敢的性格，只有这样，才有能力去克服生活中的各种困难。而当你浑身充满勇气之时，你的全身也就充满了力量，才有勇气去追求你想要的东西。事情往往就是这样，当你有勇气迈出第一步时，那么成功也就近在眼前了。

假若你时常会花时间去担心某件事的话，那么，何不作建设性的担心呢？先将你最希望的结果规划出来并清楚地开始用"假若"向自己提问。"假若最希望的结果实现了，我会怎样？"其次，提醒你自己，无论如何这是可能发生的事，只要你坚信不疑，并付诸努力。

在法国历史上，几乎没有人敢忽略拿破仑这个名字。这个科西嘉人在欧洲大陆叱咤风云几十年，征服了整个欧洲大陆，建立起了法兰西帝国。而这些，与他勇敢、逞强好斗的性格是分不开的。

1789年，法国革命爆发时，拿破仑还只不过是一个小中尉。汹涌澎湃的革命浪潮把这个普通军人推上了政治舞台。在夺取王党占领的土伦城的战斗中，拿破仑被任命为炮兵指挥官。他指挥军队在这次战斗中取得了重大胜利，使共和军顺利进入了土伦城。在这次战斗中，他不仅表现出了杰出的军事才能，还以其在战斗中的勇敢表现得到了上级的肯定，晋升为驻意大利的炮军指挥官。这时，人们的目光开始集中到这个小个子军人身上。

　　但是，不久，法国国内政权发生了政变。1794年，拿破仑入狱，不久，又被释放。此后，他的生活也陷入了低谷，穷困潦倒的他受着寒冷和饥饿的折磨。他的精神几乎到了崩溃的边缘，甚至产生了自杀的念头。但是，他以极其顽强的毅力渡过了难关。

　　拿破仑具有超人般的毅力、胆识和逞强好胜的性格，而风云变幻的法国大革命又为他提供了很好的政治舞台，为他再次"出山"创造了条件。拿破仑以其杰出的军事才华，再次引起了人们的关注。在平定叛军的任务中，仅仅一次交锋，就使对方溃不成军，抱头鼠窜。拿破仑以其果断和勇猛，很快晋升为巴黎卫戍部队的司令。

　　所有这些成绩，并没有使这个野心勃勃的科西嘉人满足。与生俱来的出人头地的强烈愿望，时刻驱使着他。而他也终于等到了这一天。1796年3月，拿破仑成为法军的司令官。他告别了刚成婚两天的新婚妻子，立即奔赴意大利。在战场上，拿破仑的军事才华再一次显现出来。他在意大利共指挥了大大小小共63次战役，而且每次都以胜利告终。法国的版图得到了扩大，而且从意大利掠回了大量的财富，拿破仑本人也成为法国人民心目中的英雄。

继征服意大利之后，他又挥师埃及，对这个古老的文明古国发动了战争。

1804年，拿破仑成为法国人的皇帝，建立了法兰西帝国。这一举动，引起了欧洲各国的恐慌，认为新诞生的帝国对它们造成了威胁。于是，英国、沙俄、奥地利等国组成了第三次反法联盟。但是，拿破仑接连两次击败沙俄军队，又先后制伏了普鲁士、波兰等国，几乎整个欧洲的军队都成了他的手下败将。迫使俄国承认法国在欧洲的霸主地位，并对英国采取了封锁。就这样，他的军队横扫整个欧洲，成为一支攻无不克的劲旅。

无畏者无惧。要最终战胜挫折，第一需要的就是信念，有了信念，才会采取一系列行动。所以，碰到挫折，我们既不要畏惧，也不要回避，而要勇敢去正视它并有为打垮它而英勇拼搏的信念。无论任何事情，只有勇敢的尝试，多多少少都会有所收获。那些有成就的人都认为如果恐惧失败而放弃任何尝试机会，那么就不能进步。没有勇敢尝试就无从得知事物的深刻内涵，而尝试过，则由于对实际的痛苦亲身经历，使得这种种的体验为将来的发展做了铺垫和准备。当你认识到这一点，你就能到达一个崭新的境界。最重要的，是你要有勇气去追求。如果你有这样的勇气，那么以前你从未设想过，甚至不敢奢望的东西都将出乎意料地得到。而如果你没有勇气，那么就会生活在现实的痛苦中无法自拔。只有将这个希望的结果努力变成现实，你才能够走向成功。只有我们勇敢地面对困难，那么无论是在生活上，还是在工作中，都会收获一份成功。

所以，具有勇敢性格的人一般都会有一个不错的人生。因为心中无畏，所以也就勇于追求，也自然可以得到自己想要的生活。正如迈尔斯说："每个人都生来具有强大的力量。人与人之间，弱者与强者之间，大人物与小人物之间最大的差异就在于他们对自身力量的发挥和利用。一个人目标一旦确立，通过奋斗是可以取得成功的。在追求有价值的目标中，坚韧不拔的意志力才是一切真正伟大品格的基础。"

战胜内心的恐惧

　　恐惧会在我们人生的道路上形成绊脚石阻挠我们，并让我们有自伤的行为，这种行为会产生焦虑及罪恶感，最后会导致一个人完全无法行动。恐惧让我们无法去尝试而最终不去尝试，我们永远没有办法超越目前的自己，这样的一个恶性循环使得我们永远无法开始行动。总之，恐惧限制了我们，阻碍了我们，并使我们陷入了困境。

　　恐惧，是我们通向成功路上的最大敌人。它会让我们对自己失去信心，会阻碍我们内心潜能的发挥，会冷却我们的热情，也会消磨我们的斗志。如果你回过头来看一看自己走过的路，找一找那些让你失败的原因，或许你会发现，之所以失败，并不是因为我们遇到了难以逾越的障碍，而是我们根本就没有付出行动，而没有付出行动的原因就是因为我们总是克服不了内心的恐惧。

恐惧是我们的一种心理活动，我们不可能将其完全消灭，但是，我们却必须学会克服它，否则，你只会成为生活的奴隶。富兰克林·罗斯福一次强有力地叙述了他的主题："我们唯一要恐惧的东西就是恐惧本身。"动机论经典著作《思考致富》的作者拿破仑·希尔，对于罗斯福这句话做了更明确的引申："面对你的恐惧，你就能使它消失。"

我们都希望生活能够开花结果，并且可能有最完美的表现；我们都希望拥有成功的事业及富裕的生活；我们都希望有非凡的成就；我们都希望拥有非常健康的身心；我们都希望享有深度、重大而且有意义的人际关系；我们都希望拥有爱、欢乐、喜悦及成就；我们都想要最好的；我们知道那是我们想要的，也是你想要的。神奇的是，我们都能够拥有它们！我们要做的就是面对自己的恐惧，而且敢于追求自己的目标，让求胜的欲望来吞没我们的恐惧。

这并非夸大其词。生活就是一场战斗，你若战胜不了困难，必然被其俘获。

对挫败的恐惧会阻碍你潜能的发挥，并且将你的斗志完全瓦解，说服你任听命运的安排，去做个凡人。你所有的梦想，所有的希望都被它给扼杀了。而且，如果你一直都生活在这种恐惧之中的话，就会发现它会渐渐在你的心里生根、发芽，最后开花结果，将你完全统治。而这时，你几乎已感觉不到它的存在，但事实上，它却在生活的任何方面抵抗你的勇气，让你畏缩不前。

　　其实，我们没有必要如此害怕挫败。天下没有不吃败仗的将军，也没有从不失败过的人。从某种意义上说，失败会成为我们人生路上的一笔财富。首先，它会增强我们的意志。你失败了，然后再从失败中爬起，这个过程，就是你的心智得到成熟的一个过程。它会让你的心灵变得更加坚强，会让你的头脑变得更加冷静，也会增强你面对挫折的能力和信心。我们总不希望做温室中的花朵，因为我们知道那样对我们的成长不会有任何的好处，所以，当你遇到失败时，心中应该满怀感恩。当然，没有人希望自己失败，但是，也绝对没有人可以逃避失败。我们对待失败的态度就应该是，尽力避免，避免不了，就要学会勇敢地面对。其次，它会增强我们的聪明才智。当我们经历过失败，就会及时总结经验和教训，也会对自己的实力进行一个更全面的分析。当我们对自身有一个新的认识之后，也就会制定出适合我们的策略。减少行动的盲目性。因此，从失败中走出的人，都会变得更加的成熟，更加有理智。再次，失败会激发出我们的勇气。当你从跌倒再到爬起的这个过程中，你的勇气就会增加。对于有志者来说，失败会是他们通往成功路上的一块垫脚石，也会是磨砺他们的一次机会。就像铁，只有在被人敲打之时才会迸发出火花。每一次失败，都会让他们的内心得到强大；每一次挫折，都会让他们更多一份志气。所以，失败不但不能将其击垮，反而使他们变得更加的强大。

那么我们如何来克服内心的恐惧呢？

首先，学会调整自己的心态，让自己用一种乐观的态度来对待生活。任何事物都是矛盾的统一体，有其两面性。这时，我们就应该学会调整自己，让自己从一个积极的角度去看待这件事。虽然我们没有办法来改变客观，但是我们却可以通过调整心中的那面镜子来改变它在我们主观意识中的形态。

其次，蔑视困难，将问题简单化。人类是有智慧的，但正是我们的智慧，有时却会成为阻碍我们前进的枷锁。因为在我们做事之前，会把困难分析得很清晰、很透彻。于是，这些困难被我们心中的那面镜子放大了，使我们止步不前，不敢跨越。而当我们将这些困难忽略掉的话，勇气也就自然而生了。当然，这并非让我们自欺欺人，而是一种策略。因为人类的潜能是无穷的，当我们真的有勇气去面对困难时，它就不再是困难了。真正的困难只存在于我们的想象之中。

再次，多从事一些体育锻炼，特别是一些具有冒险性的活动，如登山、冲浪、跳伞等。研究发现，一个体质好的人在面对困难时会比体质虚弱的人更有勇气。而一个喜欢冒险的人，由于面对恶劣环境的情况比较多，所以遇到困境时也会更加从容，更加勇敢，在生活中也更有勇气。

如果我们可以克服内心的恐惧，我们就会发现自己的生活很精彩。所以，我们不要让恐惧成为自己通向成功的障碍，当然战胜它是需要一定勇气的，但是只要我们有决心，有意识地让自己去改正，就一定会将其克服。当我们克服了内心的恐惧，养成勇敢的性格时，我们就一定会有一个很好的未来。

留条后路给自己

事不可做过，话不可说绝。这是我们在为人做事时应遵循的原则。对待敌人不要太苛刻，凡事给自己留条后路。

明朝中期以后，朝政日渐衰落，宦官当政，横行朝野。朝野有识之士，都聚集在东林党旗下，评论朝政，弹劾贪官，在当时有很大的号召力。一时，国家栋梁无不以东林党相标榜。但是，就是这个标榜正义的东林党最后却成为魏忠贤的手下败将，就是因为他们犯了"水至清则无鱼，人至察则无徒"的毛病。

当时的东林党人，过于意气用事。他们壁垒森严，门户之见很深，凡是不合东林党之旨的人，都斥为异党，加以排斥，大有顺我者昌，逆我者亡之势。但是，当时有些情操高洁之士，不附任何党派，却也遭到东林党的排挤。因此，东林党的形象在人们的心中大打折扣。当时的时局变幻莫测。只有联合起来才有望取胜。但是他们极端的做法使自己一步步孤立。先是中了魏忠贤的奸计，遭到了惨败，尔后又自相残杀，相互倾轧。假使东林党人胸怀再宽广一些，联合起各方正义的力量，凭他们自身的号召力，鹿死谁手尚且难知。所以，凡事不可太过偏激，不要封死了自己的后路。

状元彭启丰，位至兵部尚书。他在老家苏州居住时，邻家一个剃头铺子为了招揽生意，假借其名写了一副对联挂在门外。此事被彭启丰的儿子得知，将剃头匠大骂一通，并将其对联毁掉。彭启丰得知此事，忙把剃头匠请至家中。剃头匠以为自己闯了大祸，站在那里战战兢兢。谁知彭启丰不但没有责怪他，还替儿子向他赔礼道歉。并且亲自写了一副对联送他，希望他原谅自己儿子的无知。此事在当地传开之后，人们更加敬佩彭启丰的肚量。

与人方便也是与己方便。无论对待朋友还是敌人，都不要太苛刻。如果可以把敌人变为朋友，那是最好不过的了。就算成不了朋友，也没有必要把对方逼到绝路上去。因为万一你把他逼急了，到时跟你来个同归于尽，对你也是没有好处的。

所以，我们不单单不要"得理不饶人"，还应做到"得理且饶人"。给别人一条生路，也是给自己一些方便。或许你会说这是放虎归山，斩草不除根，必留后患。但是，人不可能总是生活在仇恨之中，你的一举一动往往也会影响着其他人对你的看法。或许，你的好意并不能打动你的敌人，但却可以打动其他的人。如果你心中有爱，别人自然也会愿意与你接近。如果在别人的眼里，你总是心狠手辣，那么恐怕别人也会对你敬而远之了。所以，对别人大度一些，也会给自己带来不少好处。

（1）让对方无路可走，很有可能会激起对方的求生欲，为此，他甚至会不择手段。而这时，他往往会是最可怕的。

因为一个人如果不再去顾及伦理道德的话，就会令人防不胜防、措手不及。所以还不如放他一条生路，以免同归于尽。

（2）如果是你无理，自然应该你退让。但如果是对方无理在先，你退让一步，也会让他心怀感激。

就算他不领你的人情，但至少也不必让自己陷入仇恨之中不能自拔。毕竟，享受生活才是最重要的。何况，人都是有感情的，并非有不共戴天的仇恨，你对他宽容，自然也会换来他的感激。

（3）俗话说，山不转水转。总会有狭路相逢的时候，若到时他势旺你势弱，你很可能就会吃亏。

　　"得饶人处且饶人"，也是给自己留条后路。

　　人和动物不同。动物的行为都是依其本性而发，属于自然的反应。而人类的行为是经过深思熟虑的结果，所以，我们可以通过控制自己的思想来控制自己的行为。也许，我们没有那么高的境界，让自己学会去爱自己的敌人。但是，至少我们应该学会宽容，对别人，也对自己。或许，你给他的这次机会可以改变他的一生。如果他能够幡然醒悟，重新再来，无论对自己，还是对社会都会是一笔财富。而对于你来说，或许还会赢得一个志同道合的朋友。

　　所以，凡事不要做绝，留条后路，给别人，也是给自己。让我们记住俄国作家克雷洛夫的话："不要把痰吐在井里，哪天你口渴的时候，也要到井边来喝水的。"

做事千万不要优柔寡断

在我们的一生中，任何不幸都有可能发生，但这并不是我们生命中最重要的。重要的是当这些不幸发生的时候，我们应该如何看待它。如果我们将它视为障碍，我们就变得无法逾越；我们对它熟视无睹，它就变得不堪一击，甚至还会成为磨炼我们意志的试金石。所以，我们在生活中做事时，千万不要优柔寡断。

谈到汉朝的开国名将，当然首推韩信。但是命运最悲惨的，也是韩信。为什么呢？就是因为他优柔寡断的性格断送了他的性命。

韩信具有杰出的军事才能，他屡用奇兵，为汉朝江山立下了赫赫战功，是一员颇具大智之勇的战将。但是，他性格中优柔寡断的一面却让他的功劳大打折扣，最后死在一个女人手中。在长达4年的楚汉之争中，如果韩信既不从项羽也不属刘邦，而是独树一帜的话，那么或许就可成三足鼎立之势。而凭他杰出的军事才能，鹿死谁手都尚未可知。但是由于他的优柔寡断，失去了自立为王的机会，最后含恨而死。

当时刘邦与项羽激战正酣，诸侯各据一方，群雄逐鹿，各逞其能。当时，韩信也有自立为王之心，便派使者前去探听刘邦的口风，请刘邦封他为齐地假王。刘邦听后大怒，刚想破口大骂，但却被张良使了个眼色制止了。张良把刘邦引到帐后劝他道，此时切不可激怒韩信，因为他现在需要韩信为他打天下，有韩信相助，灭项羽指日可待。如果得罪了韩信，让他弃汉归楚，那么所有的一切将毁于一旦。如今韩信派使者前来，也无非是想探听刘邦的意见，所以不如顺水推舟封他为王，等灭掉项羽之后再去收拾他也不迟。刘邦一听有理，于是对前来的使者说："大丈夫要当就当真王，何必要当假王！"随即派张良带上印信，赴齐封韩信为齐王。

当时韩信正在犹豫不决，听说刘邦答应封他为王，便打消了反叛的念头。优柔的性格，使他失去了自立为王的机会。

在风云变幻的楚汉之争中，却有个小人物把一切都看得很透彻，这个小人物叫蒯通。他拜见韩信说，当初向秦发难之时，各路英雄奋起，都是为了反抗暴秦的统治。秦亡楚汉相争，双方不相上下，若此时韩信可以揭竿而起的话，定可成就自己的霸王之业。否则，反而会招惹事端。但是韩信犹犹豫豫，没有采纳蒯通的策略。

刘邦称帝之后，捉拿项羽手下的残兵败将。钟离昧与韩信是同乡，交往密切，便前往投奔。韩信收留了他。后来此事被刘邦得知，要他交出钟离昧。韩信不肯，刘邦大怒，便欲前往捉拿，后来却被陈平劝阻，劝他对待韩信只能智取。而此时钟离昧也劝韩信与他一起另立旗帜，否则日后定遭毒手。但韩信无动于衷。钟离昧知道韩信难成大事，只好拔剑自刎。

后来，刘邦果然将韩信的兵权削去，由王贬为侯。韩信心中不满，后悔自己当初没有听蒯通和钟离昧的劝告。这时，他与陈稀密谋反叛，但最后事情败露，被吕后以计诱擒之，最后将他处死。可怜韩信一世英雄，却落得如此下场。

其实，韩信是个很有谋略之人，凭他的实力，身旁又有奇才相助，完全可以自立为王，三分天下，甚或统一天下。但是，正是他的优柔寡断，从而使他一再地错失机遇。可见，优柔寡断之人可以谋事，但却难以成事。如果你想成就自己的事业，就必须让自己克服这样的性格。

那么，我们该如何来做呢？

第一，把握时机，学会当断立断。机遇往往都是转瞬即逝的，所以当我们一旦发现了机遇，就要勇于抓住，不要让它在我们的眼前溜掉。当然，这需要眼光，另外，还需要一种魄力。凡是能成大事之人，都会随手抓住转瞬即逝的机遇。大多数的时候，这样做是要承担一定风险的。因为你从事的往往是一件别人从来没有做过的事，也正因为如此，所以我们才称其为机遇。但是如果你没有勇气，或还在迟疑，恐怕机遇就会悄悄地溜走了。

第二，善于独立思考，不要轻易被别人的意见所左右。抓住机遇，首先就需要有很敏锐的洞察力，可以发现别人没有发现的事情。而当你做出决断之时，可能会有许多人站出来反对。这时，你就要坚定自己的信念，而不是人云亦云。

第三，不要患得患失，立即行动。机遇是可遇而不可求的，一旦你发现了机遇，就要立即行动。否则再好的愿望也将成空，再好的计划，也会付诸流水，只有行动了，一切才有意义。

　　第四，有勇气为自己的选择负责。人生，就是一次次的选择。你只有勇气为自己的选择承担责任，才有勇气付出行动。哪怕最后失败了，也不后悔，更不会对自己的信念和能力产生怀疑和动摇。这是一种魄力，也是一种果断。

　　第五，相信自己的判断，不要瞻前顾后。有时，我们发现了机遇，也谋划好了应对的策略，但是，却因为瞻前顾后、患得患失，而让自己错失了时机。考虑周全是一件好事，但是不能因此而让自己贻误时机。毕竟，世界上没有什么事会是一帆风顺的，任何事都有一定的风险。所以，该出手时就出手，只要你勇于付出行动，那么也就离成功不远了。

亡羊补牢，未为迟也

　　人非圣贤，孰能无过。就算是圣贤之人也不可能一点儿错误都没有。所以我们要培养正确对待错误的观点。

　　有时，即使我们错了，也不愿意承认。因为那会让我们很没面子。其实这大可不必，你不把自己的错误说出来，别人迟早也会发现，到时还会对你的诚信度产生怀疑。还不如大大方方地承认，反而让人看到你的真诚，让人感觉你很可靠。错误只要改正，才不会造成更大的损失。如果你自欺欺人，或者讳疾忌医，到时恐怕连改正的机会都没有了。

　　克里在爱丁堡当货物经纪人。他在给公司做采购时犯下了一个很大的错误。有一条对零售商采购至关重要的规则是不可以超过你所开账户上的存款数额。如果你的账户上不再有钱，就不能再购进新的商品，除非你重新把账户填满。

那次采购完毕之后，以前的一位老客户向他展示了一款精美的便捷式电脑。凭克里的市场经验，这款电脑一旦上市定会给公司带来巨大的经济效益。但是，此时他的账户已经没有足够的款项来拿下这笔订单。而按照常理，早些时候，他就应该备下一笔应急款，以防不测。但是，由于他的疏忽，他将有可能失去这笔交易。目前只有两种选择：要么放弃这笔利润很大的交易；要么主动向公司承认错误，并请求追加贷款。后来经过一番激烈的思想斗争，他决定把真相说出来。他的坦诚得到了领导的赞同，很快给他拨来所需的款项，使他拿下了这笔订单。果然，如他所料，电脑一上市就深受顾客欢迎，卖得十分火爆。而他也因为自己的坦诚避免公司遭受一次深重的损失。

犯错并不可怕，可怕的是你明知是错却还执意坚持。你必须改掉这种执拗的性格，及时检讨自己的错误，只有这样，才能不至于在错误的泥潭里越陷越深。这就要求我们要养成自省的性格。

所谓的自省就是自我反省。如果我们每天都可以找出自己身上的错误和缺点，那么我们就会一步步地走向成熟。这种自省的性格对我们的帮助是很大的。因为自省往往就是纠正自身错误、实现快速转型的关键所在。现在社会竞争越来越激烈，无论在工作中还是在生活中，你若不及时改掉身上的缺点和不足，就会面临衰败和灭亡的命运。

我们应该常常问自己：自己身上有哪些弱点，哪些缺陷。什么样的错误有待克服，什么地方有待改正和提高。最好每天都养成这样的习惯，可以在晚上临睡之前回想这一天的表现，过一遍电影。当你将自身的问题在头脑中清晰地展现时，你便会有意识地去纠正它。

当然，仅仅靠我们自己还是不够的。毕竟，自己看自己总会很片面。我们还应学会从别人反馈给我们的信息来看待自己。可以向与自己比较亲密的人，如亲人、朋友等，从他们的嘴里得知我们身上的优缺点，并加以改正。

以下四点，对我们培养自省的态度和勇气来说至关重要：

首先，要有正确面对自己的勇气。每个人都希望自己是完美无缺的，所以有时，我们就会故意掩藏自己。把自己的缺点主动揭示出来是需要一定勇气的。毕竟，那会让我们感觉很难堪。但是，你只有具有了这种勇气，才能让自己正视自己，也才能改善自己、提高自己。

其次，努力让自己追求完美。世界上没有完美无缺的事物，人类也是如此。而我们一生的任务，就是不停地提升自己，让自己一步步趋于完美。如果你没有这样的心态，那么就会漠视自己的缺陷。

再次，多听取别人的意见。这也就是我们上面所说的通过别人来认识自己。俗话说"当局者迷，旁观者清"，自己认识自己总是有限的，只有从多方面审视自己，才能更好地认识自己；而只有更好地认识自己，才能改善自己。所以，不妨听听周围的人对自己的评价，当然，这些人应该是我们能信得过的，可以毫无顾忌地指出我们的错误。我们只有学会虚心，才能让自己得到提升。

最后，认真反省，付出行动，努力改善自己。不管你在头脑中想得多好，你把自己认识得多透，如果你不付出行动，那么一切也只是白费。有些缺点是根深蒂固的，可能是我们从小就养成的，要克服需要我们付出艰苦的努力。这是对我们毅力和耐力的一种挑战，我们一定要坚持下去，不能半途而废，就像对待一场战争一样。只有这样，你才能战胜自身的顽疾，取得胜利。

克服刚愎自用

　　为人处世要学会圆滑变通，否则，就只会遭到失败的命运。但是，不知变通之人常有。他们往往是由于对自己的过度自信，以致听不进别人的意见，我们称这种性格为刚愎自用。通常有两种人有这样的性格：一是不谙世故的读书人。他们饱读诗书，自认天下事都在自己的胸中，因此，自以为是、目中无人，听不进别人的劝告。二是没有读多少书的武将。他们凭的是自己的亲身经验，倚仗的是赫赫功绩，认为读书无用，只凭一时义气做事。无论是哪种人，最终结果只能以失败告终。

　　关羽以忠义著称，且有勇有谋，德才兼备。但最后却败走麦城，乃至招来杀身之祸。这与其刚愎自用的性格是分不开的。

　　鲁肃去世后，吕蒙接替了他的职位，驻守陆口。而此时关羽已占据了南安、南郡等地，意欲吞掉东吴。吕蒙心知肚明，表面上与关羽搞好关系，暗地里却准备收回荆州。

当时关羽正在攻打樊城，为了防止东吴偷袭后方，他留下一部分很强的兵力驻守荆州。吕蒙得知，便佯装称病，回建业疗养。而派一个无名小辈陆逊前来接替他的职位，以麻痹关羽。关羽果然上当。他以为凭陆逊的本事，绝不会奈何荆州的。于是抽调了荆州的大部分兵力前去攻打樊城。

对于吴军的动向，关羽并没有做认真的研究和分析，也没有派人前去侦察吴军的动向。正是由于他的目空一切、刚愎自用，导致他失去了这个兵家必争之地。

而陆逊，却对荆州进行了仔细地侦察，对蜀方的军情了如指掌。而后，又做了缜密的军事部署：吕蒙亲率八十余艘快船，扮作商人模样，舱中潜藏精兵，日夜兼程，接近蜀军烽火台时，一声号令，潜藏在舱中的伏兵骤然出动，把重要哨卡的蜀兵都捉进船舱，然后带军直逼荆州，就这样轻而易举地拿下了这块军事重地。

关羽狂妄的个性使他目空一切，对荆州失守的事实不相信。当他听军中私传荆州失守时，怒不可遏地说："此乃敌方讹言，以乱我军心！东吴吕蒙病危，陆逊代都督之职，不足为虑！"

久攻樊城未克，又遭到曹军两路夹击，抵挡不住，只好逃往襄阳。途中得知荆州果真失守，这才大惊失色，不敢再往襄阳，只好改投公安。但公安守将早已投降东吴。无奈之下，只好奔向麦城。

当时荆州九郡都已落入东吴之手，麦城乃弹丸之地，难以抵挡东吴的大军。而曹操也亲率50万大军，虎视眈眈地盯着这座孤城。当时关羽仅剩300残军，又如何能抵挡得住两家强兵。救兵遥遥未到，城中粮草也已吃紧，他这时也一筹莫展。无奈之际，关羽决定弃麦城，潜入西川，休养生息，再图荆州。当时有两条路可通西川，一条是偏僻小路，一条是大路。当时王甫劝关羽走大路，唯恐吴军会在小路设伏。但关羽刚愎自用的性格此时仍没有改变，自恃武艺高强，执意要走小路，并自负地说："纵有埋伏，有何惧哉。"就这样，他那刚愎自用的性格断送了他的性命，父子双双被擒。孙权虽深爱其才，但也知其性格刚烈忠义，断不肯降，于是只好听从手下的建议，将关羽父子处斩。

关羽就这样丢掉了自己的性命。我们在为这位盖世英雄扼腕叹息的同时，也不禁为其感到悲哀。假如他可以改掉刚愎自用的性格，也不会落得如此下场。毕竟，历史不可以改写。但是，他留给我们的教训却是深刻的，足以使我们警醒。

　　一般，凡是刚愎自用之人，也必定有他的过人之处，因此他也就目中无人，听不进别人的意见。恃才傲物是他们最显著的特征。但是，一个人再聪明，也必定会有考虑不周的地方；就算再优秀，也有自己无能为力的时候。不愿与人交流，故步自封，最后只能以悲剧收尾。

　　关羽被尊为武圣，但是也逃不脱这样的命运，更何况我们这等凡人呢。所以，如果你想成功，就必须克服刚愎自用的性格。克服刚愎自用，最重要的就是要学会虚心。一个人只有学会虚心，才能有一颗求知的心，也才能脚踏实地。

　　现代社会，竞争越来越激烈，决定成败的一个重要因素，就是性格。因此，我们必须及时完善自己的性格，只有这样，才能走向成功。

打破常规，出奇制胜

经验会成为我们的一种财富，也会成为我们精神上的一种障碍。如果你想有所突破，就要改变墨守成规的性格，善于打破常规，只有这样，才能出奇制胜。

20世纪中期，美苏两国正处于冷战时期。双方展开了军事方面的竞赛。当时双方都具备了把火箭送上天的物质、技术条件，而且在综合实力方面，当然美国更占优势。但是，双方又都面临着同一个难题：火箭的推力不够，没有办法摆脱地心的引力。当时为了解决这个问题，双方都设计增加所串联的火箭的数量，但却依然没有办法克服这个难题。

后来，苏联一个年轻的科学家摆脱了以往的思路，产生了一个新的设想：只串联上面的两个火箭，下面的火箭改为用

20个发动机并联。这样，火箭的初始动力和速度就大大地增加了，达到足以克服地球引力的程度。经过精密的计算、论证和实验，这个办法终于取得了成功。一个长期阻碍科学界的难题就这样被解决了，从而使苏联赶在美国之前把人造卫星送上了蓝天。

既有的知识和经验有时会成为进步和创新的羁绊，这时我们就应该及时从中跳出来，这就要求我们要有一种敢于挑战权威的精神。否则，我们只能被自己的思想困在那里。

韩信攻破卫国后，东进太行，乘胜击赵。赵将陈余集中20万大军，占据太行山八隘口之一的井陉口，准备与汉军决一死战。当时，陈余手下一员将领李左车向其献计，认为井陉口谷深路狭，汉军一路纵队，其粮食辎重必在队尾。到时若率奇兵3万从小路袭其粮草，则汉军必乱，不出10日，韩信等人之头便可收入囊中。陈余却说韩信号称10万大军，其实最多也不过数千。且长途跋涉，亦疲惫不堪，放此避而不去，会被诸侯嘲笑。但陈余迂腐地拒绝了李左车的计谋。

韩信探听到对方的动向，心中暗喜，遂放心大胆纵兵深入，在井陉口以西30里处安营扎寨。然后派轻骑2000人，每人携一面红旗，趁夜深人静之际，潜伏到赵军营垒附近。然后，将大军进至绵蔓水东岸，背水列阵，与赵军正面交锋，并传令三军当天破赵后会合。赵国将士们都不敢相信，也笑韩信不懂兵法，于是倾巢出动，与汉军对垒。汉军虽只有1万人马，但因背水而战，无路可退，所以个个奋勇杀敌。而此时，趁夜色潜水进入对方营地的两千伏兵则趁此机会冲进赵营，拔掉对方旗帜，换上己方旗帜。赵军在战场上不能取胜，正想收兵回营，但见营地到处尽是汉军旗帜，顿时军心大乱。汉军两面夹击，大败赵军，并活捉了赵王。

井陉口之战，汉军大获全胜。将领们都向韩信祝贺，并问韩信为何背水列阵，因为这样布阵正与兵书相悖。韩信说："这何尝不是兵法？兵法有曰：陷之死地而后生，置之死地而后存。我军并非训练有素，若放在方便之地，遇挫必溃，唯置之死地，使他们各自为战，方可勇气百倍，无人可挡。"诸将无不钦佩。

打破常规，不是一种蛮干，而是转变一下思维方式，跳出以往的思想框架。但是，往往越是经验丰富的人，他们受固有思想的束缚越深。而那些没有什么经验的人，却往往会有惊人

之举。所以，也就有了"初生牛犊不怕虎"和"后生可畏"这
些话了。

　　经验可以成为我们的一种财富，但不能成为我们的一种桎
梏。某些时候，我们就是要有打破常规的勇气。只有从固有的
思想中跳出，你才能发现一个别有洞天的世界。

不要轻言放弃

　　人生如同一次航行。航行的途中，我们总会遇到各种各样的风风雨雨。面对困难，你的态度又是如何呢？迎难而上、奋勇拼搏，还是调转船头、退而避之？可能，我们大多数人都会选择后者。毕竟，如果你坚持，你将付出很大的代价，无论是在心力、精力，还是财力上。而放弃，却要简单得多。但是，事实往往就是这样：成功就躲在困难的背后，你若坚持住了，便可将它收入囊中；你选择放弃，那么也就与它擦肩而过了。

　　丘吉尔的名字和第二次世界大战紧紧地联系在一起。战争中，他不畏法西斯的淫威，带领英国人民英勇抗战，并最终取得了胜利。他不仅成为英国人民的骄傲，也为世界人民所尊重。

　　丘吉尔以性格刚毅著称。他遇到困难从不退缩，而在他成为英国首相之后，也把这种性格注入整个英国整个民族之中，因此，才使英国人民在战争中取得了胜利。第二次世界大战"期间，65岁高龄的丘吉尔出任英国首相，并担任了三军统帅的重要职务。

第二次世界大战给整个人类带来了空前的灾难。无数无辜的性命在硝烟中死去，许多幸福的家庭被战火所吞噬，死亡威胁着每个人。无休止的战乱，没有希望的生活，使许多人陷入绝望之中。险恶的环境，考验着人们的承受力，更检验着政治家的个人素质。当时，德国法西斯猖狂到了极点，整个欧洲大陆几乎都落入其魔掌之中。当时大多数国家都已沦陷，只有英伦三岛孤零零地被困在那里。当时的法西斯德国强大得令所有人感到害怕，它仅仅用了三个月的时间就占领了法国，而英国在欧洲再也找不到任何的盟友，只能孤军奋战。许多人认为这场战争是不可能取胜的，因为德国的武器十分先进，而曾经自称"日不落"的大英帝国的武器却远远落后，能对付纳粹进攻的野战炮最多也不过500门。当时希特勒也认为对付英国已是胜券在握，他甚至认为丘吉尔会临阵脱逃。面对德国法西斯的嚣张气焰，丘吉尔没有选择逃避。他坚强的性格在此刻凸显出来，他积极地带领英国人民组织反抗。在首相的带领下，英国人民表现出了誓死保卫祖国的坚定信念。为了鼓励国民，他不顾纳粹飞机的狂轰滥炸，到处视察，鼓舞人民的士气。而他表现出来的那种勇敢，也大大地鼓舞了英国人民。

当时，若想战胜德国，仅靠英国的力量是远远不够的，必须争取盟友的支援。法国早已沦陷，而苏联已与德国签订了《互不侵犯条约》，当时能与英国合作的，就只有美国了。他说服了美国总统罗斯福，取得了美国的支持。英美结成联盟后，反法西斯阵营空前的壮大，大大鼓舞了人民的士气。就这样，英国人民在他们首相的带领下，取得了战争的最后胜利。

第二次世界大战期间，是丘吉尔一生最辉煌的时期，他面对困难时所表现出来的勇气和坚强，也常常鼓舞着其他国家的人民，他不仅成为英国人民心目中的英雄，也为世界人民所尊重。

面对困难，我们所应采取的就应是这样一种永不服输、永不放弃的态度。成功与失败，只是一念之差，这就需要我们要养成一种坚毅的性格，在面对困难时，多一份勇气，多一份信心。那么，我们如何才能养成这种性格呢？

第一，磨砺自己的意志。意志是一个人的精神支柱。一个人只有具有坚强的意志，在面对困难时才会产生无穷的勇气。意志力是可以通过锻炼得到的。首先，要建立自信。信心是力量的源泉。一个对自己充满信心的人，是不会轻易认输的，他们不会在困难面前低头，挫折只会激发出他们的勇气，让他们越战越勇。其次，多参加一些冒险活动，不但可以锻炼身体，还可以增强我们面对困难时的勇气。

第二，学会忍耐。并非所有事情的发展都会如我们所愿，这时，就要学会忍耐。忍耐并非忍气吞声，而是等待时机，以图东山再起。

第三，对现实有一个清醒地认识。有时我们之所以会有一种受挫感，是因为我们对自己的能力估计得过高，或者对困难的程度认识不够。首先，要对现实生活有一个清楚的认识，对困难有一个思想准备，只有这样，才不会在困难来临时感到手忙脚乱。

第四，学着让自己接受一些具有挑战性的工作。人类的潜力是无限的，困扰我们的，并非事情本身，而是我们内心的恐惧。所以，真正的困难也只存在于我们的头脑之中，当你真的鼓起勇气面对它的时候，它就不再是困难了。俗话说，"困难像弹簧，看你强不强，你强它就弱，你弱它就强"。所以，可以试着让自己接受一些具有挑战性的工作，慢慢地，就会培养出我们的勇气来了。

坚定自己的立场

居里夫人说过："我们的生活似乎都不容易，但那有什么关系呢？我们必须有恒心，尤其要有自信心！必须相信我们的天赋是要用来做某种事情的，无论代价多么大，这种事情必须做到。"立场坚定是一切成功人士做事的根本。

坚定性是指为实现某一目标或目的而不屈不挠、永不服输的意志。任何事都不是一帆风顺的，多多少少都会遇到挫折，如果你一遇到挫折就退缩，那也肯定不会有太大的出息。成功，有时比的就是一种决心和耐力。

具有坚定性品质的人，都可以按照客观规律进行活动，而不为眼前的挫折所迷惑。因为在他们的心中，有坚定的信念做支撑。他们对自己总是充满信心，对生活总是充满希望。他们立场坚定，只要认准的事，就算遇到再大的阻碍也不会说放弃。当然，前提是他们的目标是正确的。如果明知自己的决定错误还要拼命坚持，那就变成执拗了。

一个人如果精神意志薄弱，一遇到困难就对自己产生怀疑，立场发生动摇，这样的人只会成为别人的跟随者，而不会有自己的主见。

我们在生活中总会发现这样的现象：在大量的亲密关系中，一方支配另一方的情况随处可见。处于支配的一方可能拥有显赫的地位或更高的收入，因此便将别人置于被支配地位。其实，造成这种现象最根本的原因还是因为人的性格，有的人性格坚定，而这种坚定性对性格软弱的人也会产生一定的影响，就像藤条一定要找坚硬的树木做支撑一样。而处于依赖的一方，随着时间的推移，其依赖程度会越来越强。日久天长，他们会慢慢地以为自己不具备决断能力，而只能对别人俯首听命。

还有一种情况，就是这些人的自信心不够，意志不坚强，在经过一两次挫折之后就会对自我能力产生怀疑，思想发生动摇，最后，只能让自己找一种精神上的依靠，转而依赖别人。

其实，这两种情况对我们自身的发展都是不利的。如果你心甘情愿做个跟随者，那我们也没办法，如果你不想成为别人的影子，就必须要有自己的主见。

　　能成事之人，都是性格坚韧之人。他们对自己充满自信，意志坚定，对自己的立场从不动摇，遇到困难也绝不退缩。他们不畏惧困难，困难只会激起他们的斗志，而不会让他们沉沦。

　　许多满怀雄心壮志之人，都有这样的性格。所以，他们也总是能取得别人难以取得的成绩。如果你想成功，首先要敢想；其次要敢干；再次要学会坚持。否则，就会像没有上足劲的钟表一样，只跑了一会，就会停下来。

　　坚持与固执又是不同的，我们一直都在警戒别人不要固执。成功者的秘诀就是：随时检视自己的选择是否有偏差，合理地调整目标，放弃所谓的固执，然后才能走向成功。

　　坚持，就是要坚定自己的信念。信念是一个人的精神力量，它支撑着我们的整个行为。心中有信念，就如同心中有磐石，再多的磨难，再大的风浪，也难以使你改变方向。当然，前提是你的信念必须是正确的，如果你非要冒天下之大不韪，那么无论你的意志有多坚定，恐怕最后也只能落得个死无葬身之地。

　　再者，就是提高自信心。自信心是我们的精神支柱。无论你理想的大厦多宏伟，如果没有它做支撑，最后也只会轰然倒塌。自信是做事之本。一个没有自信的人如同没有方向的浮萍，只能顺水漂流，随遇而安。拥有自信的人在面对困难时也会更多一分从容，一分淡定。

再就是，要有敏锐的判断力。敏是敏感，锐是锐利。仅有判断还是不够的，它还有一个前提，那就是判断正确。如果你反应快的结果仅仅是草率地做一个决定，那还不如慢条斯理来得可靠些。如果你终生抱着一个错误的决定而无怨无悔，并美其名曰"有主见"，那么无论你表面装扮得多么伟大也难以掩盖你内心的空虚。

所以，谨慎地做出判断。做出正确的判断之后，就要以信念为帆，信心为桨，向着自己的目标前进。无论如何，你都要学会坚定自己的立场，否则，你只能成为别人的一个跟随者。

立即行动

　　从小，我们就有很多的梦想和希望。我们会用自己的头脑描绘着自己的未来，或许很荒谬但却色彩斑斓。但是，随着时间的推移，我们发现这些梦想、这些希望，都如同美丽的肥皂泡，在飘荡了一段时间之后都一个个地破灭了。于是，我们自嘲：做人还是现实一点儿好；人总是要长大的。其实，殊不知这正是我们的可悲之处。一个人不能实现自己的梦想固然可惜，如果被现实迷住了双眼，以至于连做梦的勇气都没有了，那才可悲呢！

　　当然，也不能一概而论，因为有些人的梦想就变为了现实，这让我们在感到安慰的同时，不禁扪心自问：到底是什么阻碍了我们的成功？

　　哈佛大学人才学家哈里克说："世上有93％的人都因拖延

的陋习而一事无成，这是因为拖延会扼杀人的积极性。"如果把我们没有做成的事列出来，然后找一下原因的话，你可能会发现，我们之所以没有实现这些目标的最大原因不是因为困难的阻挠，而是因为我们根本就没有动手去做。人们总是说，最勤奋的是大脑，最懒惰的是双手。的确如此，大多数时间我们都是让自己在想，但却不让自己去做。这似乎成为人类的一个恶习，没有人可以克服它，只是有的人自制力更好一些。如果我们养成立即行动的习惯，那么我们的好多梦想、希望也许就不会远离我们而去。

　　我们可能都会有这样的体验：当我们烧一壶水时，哪怕水已经沸腾了，如果我们不继续加热的话，那么它很快就会停止沸腾，最后冷却下来。人类的热情也是如此，如果你只是将它搁在那里而不闻不问，那么，它自然也会慢慢冷却。所以，最好的办法就是：想到之后就要立即去做。

　　我们之所以不想去做，无非有两个原因：一是事情太难办，我们不想正面面对，于是便一拖再拖；二是认为事情不重要，再晚一点儿也没有关系，于是便搁置下来。我们都知道，做事一定要抓住关键，只有这样才会事半功倍。凡是那些令人感到棘手的事情，往往也是最重要的事情，是我们必须面对的。既然没有办法绕过，也就没有必要再去躲避了。而对于那些无关紧要的事情，如果真的没有必要，完全可以将其取消。如果取消不了，那就说明这是我们必须要做的，就没有必要再去拖延了，而是应该立即动手。如果太困难的事我们没有勇气去做，太简单的事我们又不屑去做，那我们索性什么都不要做好了。

某种高尚的理想、有效的思想、宏伟的幻想，往往也是在某一瞬间从一个人的头脑中跃出的，这些想法刚出现的时候也是很完整的。但有着拖延恶习的人迟迟不去执行，不去使之实现，而是留待将来再去做。其实，这些人都是缺乏意志力的弱者。而那些有能力并且意志坚强的人，往往趁着热情最高的时候就去把理想付诸实施。

拖延的习惯往往会妨碍人们做事的能力，因为拖延会消灭人的创造力。其实，过分的谨慎与缺乏自信都是做事的大忌。有热忱的时候去做一件事，与在热忱消失以后去做，其中的难易苦乐相差很大。趁着热忱最高的时候，做一件事往往是一种乐趣，也是比较容易的。但在热情消失后，再去做那件事，往往是一种痛苦，也不易办成。

拖延不仅会挫伤我们的积极性，还会让我们遗失战机。恺撒与华盛顿两军对峙时，曲仑登的司令雷尔叫人给恺撒报信，说华盛顿已率军渡过特拉华河。但是，恺撒却忙着和朋友们玩牌而把战报压在自己的口袋里。等他读完信才知大事不妙，赶紧去召集军队，但为时已晚，最后连自己的性命都赔上了。

因为拖延，我们已经让自己虚度了不少年华。如果你想成功，就必须克服这个毛病。古今中外，凡是有成就的人，都是与时间赛跑的能手。马克思说："我不得不利用我还能工作的每时每刻来完成我的著作。"他的头脑每时每刻都在思索着那深邃的问题。鲁迅在写《狂人日记》时，第一次用了这个笔名，当时有人问他原因，他说用这个名字的原因是取愚鲁而迅速之意。他认为自己天资不高，无论是做学问还是做事情，效率都赶不上天分较好的人，于是就只能以勤补拙了。而爱因斯坦当时在联邦专利局工作时，会利用三四个小时把全天的工作做完，然后便埋头于自己的研究，最后终于在自己研究的领域里取得了非凡的成就，开创了人类历史的一个新时代。像他们这样的伟人尚且如此珍惜自己的时间，更何况我等凡人，还有什么理由让自己的生命慢慢地消耗呢？

拖延会妨碍我们做事，也会影响我们的创造力。当我们的头脑中出现一个创意时，如果不及时将其记录下来，那么它就会慢慢变得模糊，最后分辨不清了。如果一个艺术家的头脑里突然出现一个奇妙的想法时，如不及时地将其抓住，那么灵感也就会消逝，就算他再后悔也没有用了。

其实，不管什么事情，只要你去做，那么你也就成功了一半。人类的潜力是无穷的，它就像我们体内沉睡的一个巨人，而唤醒这个巨人的最好办法便是刺激。无法逾越的困难、艰苦卓绝的环境反而会将他惊醒。所以，当我们真正有勇气面对困难时，困难就不再是困难了。最重要的是你要让自己学会行动，那么你的梦想将不会再以空白而告终了，你的人生也不会再充满了遗憾，而你也不会让自己再生活在懊悔之中了。

人生伟业的建立，不在于能知，而在于能行。所以，让自己养成立即行动的习惯。立即行动，应贯穿于我们人生的每一个阶段，帮助我们去做那些想做却不敢做的事，对不愉快的工作也应马上行动，不再拖延。

无论现在如何，用积极的心去行动。只有学会"立即行动"，才可能将我们从拖延的恶习中解救出来。只有学会"立即行动"，我们的人生才不会再空虚。

机遇在于把握

　　曹操东征刘备之时，人们纷纷议论，担心出师之后，袁绍会从后方偷袭，使得曹军进不能战，退又失去了依据的地盘。曹操说袁绍性情迟钝而又多疑，不会迅速来袭。刘备此时羽翼未丰，人心还未完全归附，此时攻打他，他必败。这是生死存亡的关键时刻，绝不能丢失时机。于是，决心出师东征刘备。

　　曹操出兵之后，袁绍帐下谋士田丰劝他道："虎正在捕鹿，应进入虎窝而扑虎子。老虎进不得鹿，退不得虎子。现在曹操东征刘备，国内空虚，将军若率军直指许昌，捣毁曹操的老窝，百万雄师从天而降，好像举烈火去烧茅草，又如倾沧海之水浇漂浮的炭火，能消灭不了他吗？兵机变化在须臾之间，战鼓一响，胜利在望，曹操听到我们攻下许昌，必丢掉刘备而返回许昌。我方在城内，刘备在城外攻打，反贼曹操的脑袋一定会悬于将军的战旗之上。若失去此时机，曹操归国后休养生息，积聚粮草，招揽人才，就将会是另一种景象了。现在大汉国力衰微，纲纪松弛，以曹操凶狠的本性，用他飞扬跋扈的势力，放纵他虎狼的欲望，酿成忤逆的阴谋，到时就算有百万大兵，也难以取胜了。"袁绍听后，却以儿子有病为由而推脱掉。田丰以拐杖击地叹道："遇到如此时机，却因为婴儿的缘故而失去了，可惜呀！"

俗话说：机不可失，时不再来。遇到机会，就要紧紧抓住，否则就算后悔，也已经来不及了。曹操之所以能在乱世中崛起，成为一代枭雄，这与他善于抓住进取的机会是分不开的。

拿破仑·希尔告诉我们："机遇与我们的事业休戚相关，机遇是一个美丽而性情古怪的天使，她倏尔降临在你身边，如果你稍有不慎，她又将翩然而去，不管你怎样扼腕叹息，她却从此杳无音信，不再复返了。"

在商业活动中，时机的把握甚至完全可以决定你是否有所建树，抓住每一个致富的机会，哪怕那种机会只有万分之一。正如一位哲人所说："通往失败的路上，处处是错失了的机会。坐待幸运从前门进来的人，往往忽略了从后窗进入的机会。"

　　那么，如何才能抓住机遇，最好的办法就是自己去敲响机会的大门。为此，我要讲的下面的这个故事会告诉我们怎样来创造机会。

　　有一次，在西格诺·法列罗的府邸正要举行一个盛大的宴会，主人邀请了很多的客人来参加。就在宴会要开始的时候，负责餐桌布置的点心制作人员派人来说，他设计用来摆放在桌子上的那件大型甜点饰品不小心被弄坏了，管家急得不知怎么办才好。

　　就在西格诺府邸的管家急得团团转的时候，一位在厨房里干粗活儿的一个仆人走到管家的面前怯生生地说道："如果您能让我来试一试的话，我想我能造另外一件来顶替。"

　　"你？"管家惊讶地喊道，"你是什么人，竟敢说这样的大话？"

　　"我叫安东尼奥·卡诺瓦，是雕塑家皮萨诺的孙子。"这个脸色苍白的孩子回答道。

　　"小家伙，你真的能做吗？"管理将信将疑地问道。

　　"如果您允许我试一试的话，我可以造一件东西摆放在餐桌中央。"小孩子开始显得镇定了一些。

仆人们这时都有些手足无措了。于是，管家就答应让安东尼奥去试试，他则在一旁紧紧地盯着这个孩子，注视着他的一举一动，看他到底怎么办。这个厨房的小帮工不慌不忙地要人端来了一些黄油。不一会儿工夫，不起眼的黄油在他的手中变成了一只蹲着的巨狮。管家喜出望外，惊讶地张大了嘴巴，连忙派人把这个黄油塑成的狮子摆到了桌子上。

晚宴开始了。客人们陆陆续续地被引到餐厅里来。这些客人当中，有威尼斯最著名的实业家，有高贵的王子，有傲慢的王公贵族们，还有眼光挑剔的专业艺术评论家。但当客人们一眼望见餐桌上卧着的黄油狮子时，都不禁交口称赞起来，纷纷认为这真是一件天才的作品。他们在狮子面前不忍离去，甚至忘了自己来此的真正目的是什么了。结果，这个宴会变成了对黄油狮子的鉴赏会。客人们在狮子面前情不自禁地细细欣赏着，不断地问西洛诺·法列罗，究竟是哪一位伟大的雕塑家竟然肯将自己天才的技艺浪费在这样一种很快就会熔化的东西上。法列罗也愣住了，他立即喊来管家问话，于是，管家就把小安东尼奥带到了客人们的面前。

　　当这些尊贵的客人们得知，面前这个精美绝伦的黄油狮子竟然是这个小孩仓促间做成的作品时，都不禁大为惊讶，整个宴会立刻变成了对这个小孩的赞美会。富有的主人当即宣布，将由他出资给小孩请最好的老师，让他的天赋充分地发挥出来。

　　西格诺·法列罗果然没有食言，但安东尼奥没有被眼前的宠幸冲昏状脑，他依旧是一个淳朴、热切而又诚实的孩子。他孜孜不倦地刻苦努力着，希望把自己培养成为皮萨诺门下一名优秀的雕刻家。

　　也许很多人并不知道安东尼奥是如何充分利用第一次机会展示自己才华的。然而，却没有人不知道后来著名雕塑家卡诺瓦的大名，也没有人不知道他是世界上最伟大的雕塑家之一。

　　所以说，机遇的出现，往往就是一刹那。机会的创造，有时只需要一点儿勇气，而且在它身上没有任何的标签，需要你自己去辨认。

　　首先，养成搜集信息的习惯。你只有掌握比别人更多的信息，才会从纷繁芜杂的各种情况之中比别人更好地发现机遇。当然，只有信息还是不够的，另外还要求你有很敏锐的目光，很强的判断力，可以从现象中发现本质的东西。

其次，有快速行动的能力。能否使机遇转化为你成功的资本，还要看你是否具备很强的行动力。你比别人更快，就能更好地抓住机遇。你总是在那里犹犹豫豫，那么机遇就会被别人抢去。所有的事情，都是以行动为基础的，没有行动，一切也都没有意义。

再次，有勇气及顽强的毅力。任何事情都有一定的风险性，在你执行的过程中也会遇到各种各样的困难。这时，要求你有面对困难的勇气以及顽强的毅力。否则，或许开始你会有不错的成绩，但是却不能长久地维持下去。而抓住机遇在某种程度上靠的也是一种勇气和魄力。

机会需要我们自己去创造，机遇却需要我们来等待。你们必须悬钩以待，时时提高警惕，否则，不经意间，大鱼便溜走了。

养成踏实做事的习惯

现实是理想的基础，人类的梦想只有根植于现实的土壤里才能开花结果。这就要求我们脚踏实地，养成踏实的习惯。

踏实是做事的根本，否则，再好的梦也都会成为空中的楼阁。踏实不是被动地等待，在通往成功的路上，你只有比别人更快地抓住机会才能取胜。踏实可以让我们学会珍惜眼前的每一次机会，也是让我们每天前进一点点。不积跬步无以至千里，不积小流无以成江海。踏实就是让我们学会一步步地走路，一点点地积累。不要小看这一点点、一步步，量变的结果最终会导致质变，正是因为大多数人不懂得这一点点地积累，所以才难以抵达成功的彼岸。

踏实不等于单纯的恭顺忍让。没有一种行动可以让我们看到未来的成败，而人生的妙处也正在于此。如果你开始就知道生命的结局，那么人生便会如一杯白开水那样索然无味。踏实的人，并非没有梦想，与众不同的是，他们会用自己的汗水来浇灌梦想，所以，也往往只有他们的心灵花园会开出美丽的花朵。

只是踏实的人往往会给人一种墨守成规的印象，认为他们是"死脑筋"，循规蹈矩，缺少创新，不敢冒险，不敢接受挑战。其实这是一种误解。我们做什么事都要立足于现实，而踏实就是要我们学会认识现实、尊重现实。当然，我们不否认，的确有些人为了不让自己犯错误，避免损失而错失了不少机会。但那却不是踏实的代名词，更不是我们所教导的"做人要踏实"的真正含义。

我们在生活以及工作中，总会多多少少遇到一些不可回避的事，也总是会犯一些或大或小的错误。但是，每一次我们都要从中走出来，只有走出低谷，才能到达新的高峰。踏实，就是要我们学会一步步地走路，要我们学会依靠自己的力量，而不是等着那远在天边的直升机。踏实，从某种意义上说就是一种坚持，一种耐心的等待。等待也并非是守株待兔，而是能够耐住寂寞，走过黎明前最黑暗的那段时光。

有人往往会打着"踏实"的旗号而许久地在一个地点长时间地徘徊，经过很长时间也没有进展。这在很大程度上是因为他们心中并没有一个清晰的目标。如果你的心中没有目标，那么踏实的等待就意味着死亡。踏实并非日复一日地重复，而是不断地脚踏实地、扎扎实实地从一个目标冲向下一个目标，不停地前进。

我们的未来就是我们头脑中出现的那幅图，我们会根据这幅图来确定自己前进的方向，而使我们将这幅图由想象变为现实的一个条件就是脚踏实地的工作。这是我们通向成功路上的阶梯。没有它，梦想只能是梦想，永远不会成为现实。如何能脚踏实地呢？让我们记住以下五点：

积极地收集和掌握大量的信息

要想做到脚踏实地，就必须对现实有一个清楚、正确的认识。尤其是现在，信息以及技术的更新速度惊人，周围的世界也在以一个极快的速度向前发展。如果我们的认识只停留在以前的基础上，就难免会有偏颇。而一个人只有对现实有一个清楚的了解，才能从实际情况出发，来制定自己的目标和策略。

我们应该尊重现实，但是却不应拘泥于现实。否则，现实就会成为我们前进的一种羁绊。这就要求我们在立足现实的同时要勇于进取，勇于创新，而这个过程又是一个搜集信息的过程。只有信息充足，那么你制定的政策才会更加科学，才能保证你按照正确的道路前进。

培养把握机遇的灵感

机遇往往是可遇而不可求的，当它到来时我们一定要紧紧地抓住。这就要求我们要具备一双慧眼，在它到来时能够准确地识别。

对把握机遇的灵感也是要经过一定的培养的，首先，要具备大量的信息；其次，要有很敏锐的洞察力；再次，对事物的发展规律要有一定的认识。一个人只有抓住机遇，才能在激烈的竞争中脱颖而出。

学会创新

创新以现实为基础，但又跳出现实，使现实在一定的基础上得到升华、得到提升。而尊重现实的最终目的也是从现实的基础上实现突破以到达创新。两者是相结合的，不可割裂的。

制定清晰的目标

目标是我们前进的方向，一个人只有确定了明确的目标，才会减少行动的盲目性。重要的是，当我们在制定目标时，一定要从自身的实力以及周围的情况出发。如果我们忽略客观，就会脱离实际，不但难以达成目的，还会挫伤自身的积极性。

及时总结经验和教训

踏实并非与错误、困难绝缘，那样只会让我们畏首畏尾，当然也并非摔的跟头越多越好。如果我们不能及时总结经验，吸取教训，那么也不可能得到进步和提高。

我们只有学会从现实出发，在现实的基础上锐意进取，才能获得成功。

学会应用以迂为直

曲则全，枉则直。有时不能直接达到目的，就要学会应用以迂为直的策略。就像我们开车时，前面堵了路，只能绕路而行一样。

学会绕弯不是没有原则，而是用另一种办法来实现我们的原则。如果你不知换种方式，不但可能达不到目的，反而容易让自己撞一鼻子灰。所以，不妨从另一个侧面出发，来个"曲线救国"。

春秋时的齐景公是继齐桓公之后的另一位明主。当时，辅佐他的就有历史上著名的政治家——晏婴，也就是我们通常所说的晏子。

一次，有一个人得罪了齐景公，齐景公大发脾气，命令手下人把这个人抓来绑在殿下，然后"肢解"。"肢解"是我国古代的一种酷刑，就是将人的头、手、脚以及躯干一节节地分开，非常残酷。当时，有人想要劝谏，但齐景公正在气头上，下命令任何人都不可以谏阻这件事，否则处以同样的刑罚，也就是说劝谏的人同样要受到肢解的命运。于是，周围的人一个个吓得闭口不言。当时，等级制度森严，君王所说的话当然就是法律。晏子听完之后，把袖子一卷，拿起刀，一副气势汹汹的样子。他一手揪住犯人的头颈，然后拿起刀在自己的鞋底下磨了又磨，做出一副杀此人以为大王出气的样子。但是半天，却没有动手。他慢慢抬起头，望着端坐在上面正在发脾气的齐景公问："大王，我看了半天，也不知该从哪儿下手。好像历史上记载尧、舜、禹、汤、文王这些贤明的君主，在肢解杀人时没有说先砍哪一部分。请问大王，对此人应该从哪里砍起才能做到像这些贤明的君主一样杀得好呢？"

齐景公一听，立即觉醒，意识到自己如果想要成为一个贤明的君主，就不能用如此残酷的杀人方式。于是，便对晏子说："放掉他吧，我错了！"

在这里，晏子就用了"曲线救国"的方略。此时齐景公正在气头上，如果直言相劝，不但达不到效果，自己还会受到牵连。若据理力争，可能还会火上浇油。所以不如先顺着齐景公的性子，然后再让齐景公知道以他的方法来处决人所带来的后果。也就是让齐景公自己认识到自己的错误。

采用迂回策略的好处就在于可以麻痹别人，当其一时疏忽之时，再乘虚而入，如此便可将其攻下。

孟尝君的大名想必大家都知道。他是齐国的名门望族，曾几度出任相职，在当时齐国是个实力派人物。他手下的门客也很多，但就是这个孟尝君，有一次也遇到了麻烦。一次，他与齐闵王意见不合，一气之下，辞去相职，回到了自己的封地薛。

薛地只是一弹丸小地。而与薛相邻的楚国此时正虎视眈眈地要伐薛。这让孟尝君陷入了进退两难的境地。因为以薛的实力，根本就不可能与楚国抗衡，唯一的办法就是向齐求救。但他刚刚与闵王闹翻了，不好意思去求他，就算去也怕闵王不答应。此时，正巧齐国大夫淳于髡前来拜访。他奉闵王之命前去楚交涉国事，归途顺便来访。孟尝君得知，喜出望外，因为淳于髡天资聪颖，常为诸侯效力，与齐王室关系也很密切。而与自己也颇有深交，此次前来，真是天助我也。于是，亲自到城外迎接，并设盛宴款待。

孟尝君也并不掩饰，开口直言相求，请淳于髡出面救他。

而对方回答得也很干脆，答应帮他。

且说淳于髡回到齐国后，面见闵王。见到闵王之后，并未提救薛之事。闵王问他楚国现在有何情况。淳于髡回答说："事情很糟。楚国太顽固，且自恃强大，以强凌弱。而薛呢？也不自量力……"

闵王一听，随口又问："薛又怎么样了？"

淳于髡道："薛对自己的力量没有正确的认识，没有远虑，建了一座祭拜祖先的寺庙，且规模宏大，但却没有考虑到自己根本就没有保护它的能力。若楚军攻击这一寺庙，不知后果如何。所以我说薛自不量力，楚又太顽固。"

闵王大惊："原来薛有那么大的寺庙。"随即下令派兵救薛。

守卫、保护祖先的寺庙，是各国君主最大的义务。因此，这时，闵王也就忘记自己与孟尝君个人之间的恩怨了。自始至终，淳于髡没有一处提到救薛，但是最后却达到了目的，令闵王自己发兵。而救寺庙也就意味着救薛，救薛也就意味着救孟尝君。淳于髡就用这种办法达到了自己的目的，手段之高，不得不令人佩服。

当我们在生活中遇到类似的情况时，不妨也学会多应用迂回策略，这样往往会取得更好的效果。

做事要分清主次

我们上学时会经常发现一些学习好的学生并非天天坐在那里死读书，他们往往对其他方面也很感兴趣，多才多艺，爱好广泛。而一些看上去很认真的同学，成天在那里埋头苦读，但是成绩却不甚理想。原因何在？我们不否认，其中有天分的成分存在，但是，还有一点就是，成绩好的同学更讲究方法，知道如何使自己的学习更有效率。而成绩不好的同学也并非不用功，只是他们的学习方法不对。

学习，靠的是效率，而不是时间。聪明的同学会在最短的时间内让自己记住最多的知识，他们的注意力往往非常集中，反映问题也很快。而那些用功但成绩却不好的同学上课时反而会开小差，然后再花费大量的课下时间去补习，工夫费了不少，但效果却不怎么明显。

　　所谓的效率，就是在最短的时间内做最多的事，不仅仅是学习，在生活以及工作中也是如此。而提高效率，最重要的就是要分清轻重缓急。任何一件事，其各种因素中肯定有主要部分和次要部分，只要你能抓住主要部分，那么就等于抓住了事物的关键。而如果不分主次，眉毛胡子一把抓，力气倒是费了不少，但是结果却差强人意，就像不会学习的学生，花了不少时间，成绩却不甚理想一样。

　　如果你想在最短的时间内做更多的事，那就一定要抓住重点。有一次，一家公司的经理前去拜访卡耐基，见到他干净整洁的办公桌很是惊讶。他问卡耐基那些没有处理完的信件放在哪里，卡耐基说他把所有的信件都处理完了。

　　这位经理感到很惊讶，又问他那些没有处理的事情推给谁了。卡耐基微笑着回答："我所有的事情都处理完了。"他看到那位经理满脸困惑的样子，接着解释说："原因很简单，我知道自己处理的事情很多，但精力却有限，于是就按照所处理的事情的重要性列一个顺序表，然后一件件地处理。"

　　这位经理听后，对卡耐基表示了感谢。几周之后，这位经理请卡耐基参观他的办公室，并对卡耐基说，以前他的办公室里各种要处理的文件堆得如同小山一样高，一张桌子都不够用。而自从他用了卡耐基教授的方法以后，再也没有那种现象了，因为每次他都可以把自己的事情处理完，所以现在，他的办公室也变得宽敞又整洁了。这位经理学会了这种处理事务的方法，并将其应用到工作中，结果没几年，他便成为美国著名的成功人士。

人与人之间的贤愚差异并不在头脑，而在于能否有洞悉事物轻重缓急的能力，只要抓住做事的关键，就会事半功倍。但是，我们大多数人却没有这样的习惯，在我们的头脑里，做事有效率就是在最短的时间内做最多的事，哪怕那些事都不重要。

如今，越来越多的人谈到"时间管理"，也就是如何才能充分利用我们手中的时间，如何提高时间的利用率。这也就要求我们做事一定要抓住关键。但是，我们大多数人却往往相反，把关键的事留在最后去做。原因是越是关键的事，在处理时一般也越棘手，所以我们便一拖再拖。这完全是一种自欺欺人的做法，因为无论如何，那些事都是我们所必须做的，也是躲不掉的，所以还不如提前将其解决。

但是，事情往往纷繁复杂，我们又如何来分清哪些是主要，哪些是次要呢？一般情况下，有两个判断标准：

其一，我们必须做什么？

这里面又有两层意思：是否必须做，而且必须由自己来做；还是非做不可，但是可以委派他人去做，而自己只负责监督就够了。

其二，什么能给我带来最大的利益，什么让自己最有成就感？

分清了这一点，就可以来合理分配时间。将自己80％的时间用来做能给自己带来最大利益的事，用20％的时间来做其他的事。给自己带来最大利益的，也未必能让自己得到最大的满足，只有均衡和谐才能带来满足。如果所有的事都经过这样的分解，那么工作就再也不会是一件让人头疼的事，而成为一件充满乐趣的事了。

俗话说：打蛇打七寸。做事，也一定要做在点子上。凡事分清主次，合理分配时间，你才能取得最大的成绩。

找准定位

　　无论做事还是做人，我们都要学会找准自己的位置。一个人要想成功，就必须做他最擅长的事。如果你去做自己不擅长的工作，那么就算你费尽心机和力气，也顶多是不被别人落下太多，而很难出类拔萃。所以，聪明人总会做自己最擅长的事。

　　西方有这样一首诗：

　　动物明白自己的特性，熊不会尝试飞翔。驽马在跳过高高的栅栏时会犹豫；狗看到又深又宽的沟渠时会转身离去。

　　但是，人是唯一一种不知趣的动物，受到愚蠢与自负天性的左右。对着力不能及的事情大声地嘶吼——坚持下去！

出于盲目和顽固。他荒唐地执迷于自己最不擅长的事情，使自己历尽艰辛，然而收获甚微。

所以，我们要学会找准自己的定位，不要让自己在一个不适合自己的位置上荒废了一生。

因为没有找准自己的位置而让自己的才华埋没的人不在少数。南唐后主李煜，他的词婉约细腻，清丽脱俗，许多作品留传千年而仍不失异彩，其文学造诣也深为后世所惊叹。但是，生性懦弱的他却成了南唐的国君，结果，懦弱的性格不但使他失去了自己的国家，也赔上了自己的一条性命。

在第二次世界大战时主持了美军陆军精神病的著名精神病专家威廉·孟宁吉博士说："我们在军队中发现了挑选和安排工作的重要性，就是说要使适当的人去从事一项适当的工作……最重要的是，要使人相信他的工作的重要性。当一个人没有兴趣时，他会觉得自己被安排在一个错误的职位上，他便会觉得自己不受欣赏和重视，以为自己的才能被埋没了。在这种情况下，他若没有患上精神病，也会埋下患精神病的种子。"的确，一个人应该从事与他的性格、爱好以及特长相符的工作。比如，个性刚强好斗之人应该选择军界或政界；个性柔弱、敏感而多情者应该选择文学或艺术；头脑精明、善于盘算之人则比较适合经商；活泼外向之人可从事公关或销售；而性格内向之人则适合文书类的工作。一个人，只有找到了自己的正确位置，工作起来才能得心应手，才能充分发挥自己的特长，也才能取得一定的成就。那么，我们如何来给自己进行正确的定位呢？

首先，认识自己的性格。所谓性格，就是人的个性心理特征的重要方面。每个人的性格，都是一个构造独特的世界。一个人，只有适应这个世界，才能得到健康的发展。人，是自己的主人，因为我们可以支配自己的思想，而思想又可以带动我们的行动。决定我们思想的，是我们内心所潜藏的一种力量，这种力量，就是性格。所以，归根结底，性格决定着我们的人生。但是，性格是一个复杂的系统，形成这个系统的各种因素都有自己独特的排列和组合方式。而且，我们的性格也并非一成不变，它会随着我们周围的环境、我们对自身的认识以及修正而不断改变，甚至在每一个历史阶段，它也是不同的。但是，尽管如此，我们还是可以找到一种规律。因为，性格具有很大的稳定性，因为它里面包含有遗传因素。我们所做的，就是要认清自己的性格，然后根据性格来进行定位，只有这样才能使我们的内在世界与外在世界获得统一，才能给自己进行正确定位。

其次，分析自己的特长。分析完自己的性格，我们接下来要做的就是分析一下自己的特长。上天在我们每个人的身上埋藏下一笔财富，这就是我们的天赋。我们只有将其充分开发出来，才能取得辉煌的业绩；否则，就只能把它带进坟墓。一个人，如果想出类拔萃，就应该从事自己最擅长的事。往往自己最擅长的，也就是我们的兴趣所在。一个人只有从事自己感兴趣的事，才会爆发出激情，也才会事半功倍。可是，我们人类却总自以为是。因为我们有智慧，我们用智慧征服了大自然，成为这个星球上的主人，于是，我们认为自己无所不能，在我们并不擅长的领域里摸爬滚打，不但让自己身心俱疲，还浪费了不少的宝贵时光。

导致人们不能成功的原因很多，但是其中最重要的一个原因就是因为没有找到自己的位置，没能认清自己的特征，以致在一个并不适合自己的位置上浪费了不少的光阴。特别是作为年轻人，很少意识到这个问题的重要性。如果我们不能及时转变这种观点的话，就会让自己走许多的弯路。所以，学会找准自己的位置，这样你才能够收获成功。

第五章

学会识人

以恋爱识人

爱是人类得以延续的根本。爱也是一个人感情的外在表现。一个人对待感情的态度不同，那么他对待生活的态度也就不同。通过一个人在恋爱中的表现，也可以展现出一个人的内心世界。

羞涩——对感情专一，心思纯净

一般情况下，女性在恋爱中羞涩，表明对感情很专一。她们对待自己的恋人也会一心一意，将自己的全部身心都放在他的身上。思想也很单纯，所以这样的女性一般也很容易得到男孩子的青睐，可以很轻松地捕捉到他的心。但是，一旦她们的感情受到欺骗，那么对她们的打击也会很大，仿佛世界末日来临一般。女人的羞涩是最纯真的，是其真情的内在流露。

恋爱中的男性也会有害羞的，只是这样的人比较少一些，而且与女性的害羞比起来也就不值得一提了。害羞的男性一般性格比较内向，但是这样的人对待感情却是非常认真的，结婚后会是个很好的丈夫或者父亲，个性也比较温和，对待自己的妻子也会关爱有加。而这样的男性也会很受女性的青睐，因为他们的羞涩会激起女性心中潜藏的母爱。羞涩是一种含蓄，是一种朦胧美。

多情——浪漫，却用情不专

有句话叫作"多情自古空余恨"。多情，是感情丰富的表现，也是用心不专的表现。所以，这样的人在经历过太多的感情之后，却发现自己没有找到自己想要的感情，最后只能让自己黯然神伤了。

多情之人一般不太会控制自己的感情，头脑也不是很理智，容易失去控制。他们对新奇的事物总是感兴趣，那对他们有着很大的吸引力，也比较喜欢刺激，做事不顾后果。大千世界，总是变化万千，所以，他们总会被多姿多彩的世界弄花了眼。就算他们已经成家了，也很有可能会做出出轨的事，给自己的婚姻、家庭带来不幸。而这样的人给人的感觉也是不太可靠，所以会很难得到别人的信任。但是，他们却很浪漫，也很懂得如何讨女孩子的欢心。所以对一些年纪小的女性，这样的人有很大的吸引力。

　　女子多情，感情也会发生很多变动。她们寻求刺激，对新鲜的事物有着很强的好奇心。因此，很少能够经受住诱惑。这样的女性，恋爱的次数一般比较多，她们在与异性交往一段时间之后，就会感到厌烦，蠢蠢欲动，想要寻求新的刺激。这样的女性，在婚后也许会安静一些，但是出轨的概率也很大。

女性对男性冷漠——自恋、孤独

　　有些女性对男性表现得很冷淡，这样的女性，一般都很有才华，或者容貌出众。她们对自己很珍惜，从来不会轻易让别人接近，更不会轻易让其成为自己的伴侣。她们稍稍有点自恋倾向，个性也比较独立。她们对自己的实力很清楚，知道凭自己的实力也可以过得很好，所以没必要去依赖别人。这样的女人是绝对不会去讨好男人的，也很少会去主动追求男性。她们的眼光很高，对一般的男性会不屑一顾。而一副冷若冰霜的面孔，也会吓退很多追求者。

　　此种类型的女性，在生活中也比较理智。她们知道如何拒绝，如何接受。她们也会渴望爱情，只是对爱情的期望值较高。她们喜欢顺其自然，认为缘分不可太强求。而对于那些追求男性的女性，也很不屑一顾。她们的自尊心很强。但是她们冷漠的外表，高傲的姿态，却对男性有着巨大的吸引力。

由于她们的挑剔，这类女性晚婚的居多。她们也比较清高，对那些世俗的观点很不以为然。但是，婚后却一般会成为一个很好的妻子，很好的母亲。她们对待爱情是绝对不会妥协的，直到找到一个真正令自己心仪的对象时，才会结束单身生活。

男性对女性冷漠——理智，重感情，自尊心强

由于性别的差异，男性对女性一般都很照顾，以显示自己的绅士风度。当然，这并非献殷勤，而是出于一种礼貌。但是，有的男性却不然，他们对待女性显得很冷漠。这样的男人，一般都非常理智，或是曾经在感情中受过很深的伤害，因此产生抵制心理。他们的内心也很多情，渴望能得到自己的爱情，但是由于怕自己受到欺骗，所以不敢轻易涉足。

这种冷漠一般是故意的，是一种自我保护的体现。但是，一旦与自己心仪的女孩子确立了感情，他们就会非常专一，并尽自己的最大努力去保护、呵护心爱的人，会是一个很好的情人。但是，由于他们过于理智，也常常会让自己错失机会，也会由于过于被动而看着自己心爱的人被别人抢走，最后，只能给自己留下悔恨。

这种性格的男性，自尊心很强，而且由于头脑冷静，在工作中也会有不错的表现。对这种类型的男性的忠告是：理智是应该的，但是不能过度，否则就成了怯懦。一旦遇到了心仪的对象，就要果断出手。如果可以放下自己的面子，再勇敢一些，一定可以收获一份属于自己的感情。

爱情迟到——理智、稳重，重视家庭

有些人爱情来得比较晚，这样的人一般比较理智，为人也很稳重，很会把握自己的感情。对于男性来说，这样的人给人一种可靠的感觉，很会为人处世，而且家庭观念也很重。他们是现实主义者，对待生活的态度很认真。也很渴望自己的感情，但是却迟迟不敢行动。并非没有勇气，而是顾虑太多，害怕自己不能给对方一个温暖的家，害怕自己不会给对方幸福，所以总是在等待。但是，机会往往是会转瞬即逝的，因此他们往往会看着自己心爱的人一个个被别人抢走。

但是婚后，他们一般都会很顾家，在他们心中，家庭与事业是同样重要的，绝对不能因为事业而冷落家人。而对于妻子，也会是呵护有加。

而对于女性，爱情迟到或者表明为人很单纯，始终不懂得如何去爱；或者是因为过于成熟，比较注重现实，精明能干，成熟踏实。

对于头脑单纯的女性，可能有点脱离现实，很不切实际，始终生活在自己的幻想之中。她们一直希望有一天会出现自己的白马王子，结果却让她们大失所望，即使有了希望，她们也只是处于幻想之中，而不去行动。这样的女孩，一般单纯而又可爱，很讨别人的喜欢。但是有人来追之时，又会拒人于千里之外。

而对于另一些女性来说，则可能是由于过于注重事业，因此没有在爱情上花费太多的时间和精力。等到事业有成之时，却发现自己已成孤家寡人。她们很现实，认为爱情是要建立在一定的经济基础之上的。对于她们来说，恋爱就等于结婚。甜言蜜语对她们来说是没有吸引力的，她们冷静的头脑使她们可以不被任何语言所迷惑。因此，这样的女人尽管婚姻会来得晚，但是一般也都会很幸福，因为她们会有很好的物质基础和思想准备。

以穿戴识人

穿戴是一个必不可少的部分，也体现着一个人的身份、社会地位、职业、民族以及爱好等。服装可以传递不同的信息，喜欢着正装，说明这个人原则性很强，做事也比较保守；一身休闲打扮，则说明讨厌拘束，喜欢随意；衣着前卫，表明内心有优越感；不喜欢跟随流行趋势的人个性很强，但是往往也会伴有自卑感，缺乏灵活性。

男式的服装一般比较单调，变化不大，突出威严庄重。女性的服装则变化性很强，紧跟时代的潮流。服装与社会背景是相统一的。国际上通行"TPO"原则。T指的是时间，意思是服装要随着季节的变化而变化。P指的是地点，指穿戴要与场合相适应。如果场合比较正式，那着装要突出端庄；着休闲装说明场合并不那么正式，或者去休闲娱乐。O指目的和对象，也就是要根据你所交往的人的不同而适时变化服装。

经常穿西装——个性稳重，做事原则性很强

西装一般是正式场合的着装。但是不分场合，在任何时候都是西装革履的人，说明这种人很重视自己的身份和地位。在他们眼里，西装比较有品位，可以展现他们的自信以及地位。

但是，这样的人也经常会处于紧张之中，无论是在生活还是在工作中，都很难让自己得到放松。这并不表明他们没有能力胜任自己的工作，而是因为已经习惯了这种生活，他们一般只会工作，而不太会享受生活。所以，一般他们在自己的事业上会很努力，也小有成就。他们非常重视自我形象，举手投足间总会给人一种彬彬有礼的印象，所以也往往会得到女士的青睐。但是，做事也往往会墨守成规，生活中也会给人一种压抑的感觉。对这种类型的人的忠告是：适当的时候，要学会放松自己，学会享受生活。

喜欢牛仔装——无拘无束，向往自由，勇敢而又善于打破常规

西部牛仔给人的感觉便是野性十足，而牛仔装也透着这样一种野性的美。牛仔装一般很受年轻人的青睐，它给人的感觉就是无拘无束，个性张扬。与他们向往自由的个性完全符合。

牛仔装是除了西装之外另一种流行于世界的服装款式。上

至政府要员，下至平民百姓，不分男女，不分老幼，都对它特别钟爱。与西装的沉闷形成对比，牛仔装总会让人感觉放松，不拘小节，充满活力，就如同平静的湖面中泛起的阵阵涟漪。

喜欢牛仔装的人是自由主义者，他们追求时尚，不拘细节，个性狂放不羁，很难让人管理。他们身上的那种野性对女性也会很有吸引力。

喜欢休闲装——讨厌拘束，追求时尚

休闲装一般比较宽松，穿在身上给人感觉很舒服。它不像西服那样沉闷，也没有牛仔的那种野性，但却有着自己的随意。休闲装既可以在休息时穿，也可以在上班时穿，个性比较随和。

喜欢休闲装的人也是对沉闷的生活很不屑一顾的人。他们不喜欢一成不变，不希望受到拘束，对潮流也很敏感。相对于喜欢牛仔装的人，他们的个性也会稍微温和一些，但是也不会过于安分守己，很有自己的主见。

他们不太喜欢紧张的生活，更希望能够轻轻松松地过一生，他们很懂得享受生活，前进的速度不会太快，也不会太慢。他们以一种不急不慢的，自己喜欢的速度而前进。他们不喜欢条条框框，但往往也会迸发出一些新想法、新思路，开拓一种新境界。

喜欢流行服装——追求时尚，热爱生活

流行服饰似乎是女性的最爱。我们看到不少的女士对流行服装趋之若鹜，潮流对她们有着莫大的吸引力。

大多数男性都会说自己找不着对服饰的感觉，就算刚穿上一件名牌衣服，也不会感到有什么特别。而女性则不同，如果发现一件令自己喜欢的衣服，定不会放过。女性爱美，这是天性，也为众人所知。而那些总是走在时尚潮流最前端的女性，对美的追求也就更加强烈。她们希望通过身上的衣服来展示自己的魅力，赢得别人的赞美，得到别人的认同，也满足自己的虚荣心。她们对生活也总是充满热爱，喜欢与人交往，而不喜欢把自己关在自己的小屋子里。这种类型的女性一般有着很强的虚荣心，处处希望可以展示自己，所以在工作上也会有不错的表现。但是，切忌过分虚荣，否则就成了虚伪了。

衣着简朴的女性——有思想、个性独立，不爱招摇

爱美是女人的天性，但是我们却发现也有不少的女性对服装并不那么重视。这并不代表她们没有品位，只是她们更注重内心的修养。她们一般不爱招摇，安分守己，在家也一般会是个贤妻良母。

　　这种女性一般也很有自己的主见，可能平时不显山不露水，一旦到了关键时刻，却会坚持自己的意见，不会妥协。她们对那些通过衣服来展示自己的女性或许会感到不屑一顾。她们也会打扮自己，但却不会夸张，更不会让自己看上去很扎眼。她们一般只喜欢素色的衣服，对潮流不是那么敏感，只会以自己的喜欢来装扮自己。

　　朴素的着装，反而使她们给人一种清新的感觉。温和的个性也很容易让她们得到别人的信任。

爱着裙装的女性——爱美，个性温柔

　　裙装是女性特有的服装，它可以展示女性的身材、气质，还有柔美。爱着裙装的女性一定是女人味十足，这样的女性一般很受男士的青睐。这种女性的个性一般也都比较温柔，在家庭中会是一个称职的母亲或妻子。

　　裙装给人的感觉便是温柔、飘逸，可以衬托出女性的柔美。这种女性对美的追求也会很强烈，但是却不会过火。她们的责任心一般也很强，是相对较传统的人，无论是对丈夫、子女还是父母，都会照顾得很好。

以声音识人

语言是一个人的展示方式，通过一个人的言辞，可以反映出这个人的性格。俗话说，言为心声，听其言，知其性。语言是一个人的标签，一听就可以知道山高水深。

语言可以反映一个人的文化背景。语言中一个最重要的因素便是一个人的声音，声音又有音色、音量之分。古人说：心动为性，发发为声。可见，"声"与"音"是两个不同的概念。心理学家研究认为，一个人的声音也可以传递出许多的信息，包括一个人内心的感受、个性特点以及身体状况等。而且，从一个人声音的变化中还可以捕捉他的个性及内心的想法。下面，我们就来探讨一下如何"以音知人"。

声音尖锐——情绪易激动

声音的高低与一个人的心理紧张度有着极大的关系。声音尖锐，说明一个人对自己的情绪不易控制，这样的人容易动怒。他们喜怒形于色，对别人的反映总会浮现在脸上，往往会因为一件小事而勃然大怒。他们对于自己认识的事非常的执着，总是不达目的不罢休。

如果一个人的声音高亢激昂，则表明这个人对自己周围的环境会非常敏感，往往会因换一张床或一个房间而难以入睡。但是其想象力也比较丰富，比较有创意，而且也会非常执着，对自己的观点总会坚信不疑，并且总是劝服别人来接受自己的观点。

声音低沉——缺乏判断力

声音低沉的人，往往是压抑自己的表现。这样的人往往性格内向，缺乏决断力。如果一个人说话的声音很小，如同耳语，则说明这个人不太喜与人交往。而且说话做事都很谨慎，不会让自己出半点错误。这样的人往往喜欢封闭自己，与其他人保持一定的距离。因其内心敏感多情，很容易受到伤害，也总是会刻意地保持自己，不肯轻易让别人接近。而对于自己内心的秘密，更是守口如瓶，不会轻易让别人知道。

喜欢窃窃私语的人则对他人有着很强的戒心，对周围的人也有着很高的警惕性，说话也会特别谨慎，生怕一句话不对就泄露了天机。因此，他们也会变得越来越沉默。只有在自己非常熟悉的人面前，才会畅所欲言。此时他们就会与以前的自己判若两人，此时他们的本来面貌才得以完全显现。

声音缓慢——为人忠诚，值得信赖

说话比较缓慢，声音低沉而温和，颇有长者的风范。这样的人一般都老成持重，办事沉稳，考虑问题比较周到，也很周密。开始可能会让人感觉很难相处，但一旦成为朋友，却会非常可靠，是个可以依赖的人。

这样的人做起来来也会有条不紊，按部就班。而且总是慢条斯理，不爱着急。就算遇到很危急的情况也可以临危不乱，头脑冷静。

如果女性有这样的声音，则表明她们可以很好地控制自己的情绪。一般情况下不会显露自己，但是一遇到合适的机会，就会尽量表达自己的意见。为人也比较善良，对处于困境中的人总会很快伸出援手。

男性有这样的声音，则表明为人忠厚老实，但同时也很固执，对于自己的目标、想法，只要一旦确定，就很难改变。为人也比较刻板，不会去讨好别人，也不会受别人影响而改变自己的主意。

声音粗犷——心直口快，不会拐弯抹角

声音粗犷的人说话声音都很大。这样的人往往心直口快，喜欢直来直去，不喜欢拐弯抹角。为人也比较豪爽，讲义气，够朋友，是可以为朋友两肋插刀的人。三国里的张飞便是这样的人。

生活中或是工作当中，他们都会非常乐观。但是由于生性豪爽，快言快语，说话不经思索，所以也总会得罪人。而且头脑爱发热，往往会因为太重朋友义气而被别人利用。

此种类型的人，总会给人一种大男子主义的感觉，而且喜欢发号施令，心比较粗，不太注重细节，所以一般情况下桃花运不会很好。

声音娇嫩——浮躁心理，希望得到别人的保护

此种类型的人，往往以女性居多。她们之所以这样，一方面可能是因为天生的原因；另一方面可能是因为想得到别人更多的关爱和呵护。拥有这种声音的女性，往往都会比较乖巧，讨人喜爱。但有时也会因为过于任性而招致别人的反感。

男性若有这样的声音，则表明他们从小便在别人的百般呵护中长大。性格也比较柔顺，缺乏男子汉气概，自己独处时常常会感到手足无措，而与异性相处时也会感到特别拘谨，对于

自己心仪的女孩子也没有勇气直接表白，常常坐失良机。

声音沙哑——斗志旺盛

声音沙哑的人往往比较争强好胜，面对困难也会表现得比较坚强，不会轻易地认输，因此，他们在生活中往往会处于一个强者的地位。但是，由于对自我的评价往往过高，所以也会掉以轻心。这样的人一般很有自己的主见，不会轻易接受别人的意见。

具有这种声音特质的男性，往往会有极强的耐力及行动力，做事喜欢往前冲，不会轻易妥协，对于目标有着很强的意识；而具有这种声音特质的女性，则比较有主见、有个性，她们的意见与别人不同时也不会随意改变，坚持自己的主张，这样的个性反而更容易赢得异性的青睐。

以社交识人

中国有句俗语：观其行，知其人。通过一个人的言行举止，便可以得知一个人的内心世界。任何人的动作，都反映着他内心的变化，除非他受过专业化的训练，否则这些都可以无意间表露出来，被我们捕捉。孔子也说过："听其言，观其行。"通过一个人的言行，也就可以了解他的性格了。

人的行为多种，我们这里主要来探讨一下如何从社交中识人。人类是群居动物，没有人可以离群寡居，总会与周围的人、周围的事发生一定的联系。所以，也就有了社交。不同的人，在社交中的表现也不同。有的人在与人交往时会很拘谨，有的则很随意；有的可能不太喜欢热闹的场合，有的人则总爱往人堆里扎。不同的行动，又展示了不同的性格。

交友广泛——处事圆滑

有些人会有很多的朋友，各行各业的人都有所往来。为人也比较豪爽，出手很大方，也很有思想，有主见，所以他的周围总是能聚集起大量的人。这样的人处事比较老练，无论什么样的人都可以从容应对，可谓八面玲珑。

此种类型的人一般适合做与人打交道的工作。因为交友的广泛，可以让他们在自己的工作中更加得心应手。但是，朋友众多，也不免鱼龙混杂、良莠不齐，若交友不当，也许反而会受其害。有时也往往会被一些居心叵测的人所利用。

社交圈窄，不爱交往——思想保守

有些人总是喜欢把自己关在自己的小圈子里。他们略带点社交恐惧症，一遇到人多的场合就会感到手足无措，因此总是逃避。这样的人，行为也比较保守，不会做什么出格的事。但有时也会很固执、很刻板，不太容易接受新事物。

他们表面看来很冷漠，很难让人靠近。如果想成为他们的朋友那可是要花费一番力气的。他们并非没有情感，只是不懂得如何将其表达出来，感情也比较迟钝，不会揣测对方的心思。他们对周围的人，周围的事物看起来也是漠不关心，是那种"事不关己，高高挂起"的类型。

在工作中，他们也许会很卖力，但是效率却非常低，而且由于思想上的保守，往往很难会有什么创新，所以工作中很难会取得骄人的业绩。

先转移目光——有优越感

透过一个人的眼神，也可以得知一个人的个性。一般如果一个人的视线总是从高处投射下来，说明这个人的控制欲很强，总是希望别人可以服从自己。而一个人的目光若总是由下而上，就说明这个人比较软弱无力，总是喜欢跟随别人。

如果在交谈中，一个人首先将自己的视线移开，则说明这个人的个性较为主动。因为在别人的眼里，你的视线离开他就说明你对他不重视，使他对你有了介意。而这时，他可能就会完全被你所控制了。

喜欢将自己的秘密袒露给别人——想套近乎

我们自身的信息可以分为两部分：开放区域和秘密区域。开放区域是指为人所共享，没有必要去隐瞒的信息，这些信息对我们并不重要，只是向别人传达我们自身信息的一个符号，如姓名、籍贯、爱好等。而秘密区域，则是隐藏于我们内心深处的东西。一般情况下，我们不会希望别人知道这些事情，只有对极少数的好朋友或是我们值得信赖的人，才会向其吐露。

而一旦我们向那个人吐露秘密，也就证明我们信任他们。

　　在何种程度上向别人吐露秘密，取决于我们对别人的信任程度。如果有个人主动向你吐露秘密，就说明他可能已经完全信任你。或者一个初次见面并不很熟的人也在向你吐露秘密，就表明他有讨好你的意思。

　　当然，不分轻重，不分场合，就将自己的秘密完全袒露给别人，这样很可能会给我们带来伤害。因为之所以成为秘密，就说明我们不希望它被别人知道。而万一那个人不可靠，就可能会将我们的秘密泄露出去。而我们之所以不希望别人知道这件事，是因为真相对我们不利，所以这样就会很容易让自己受到伤害。因此，在你吐露秘密之前，还是先衡量一下吧！

　　支配欲强——固执

　　有些人说话总是带着一种发号施令的口气，他们总是希望别人可以听从他自己的指挥。如果别人与他们的意见不一致，或者根本就不肯听他们的话，就会让他们感到特别难受。无论在什么样的场合，他们也总千方百计地表现自己，勇于表达自己的观点。尽管大多数时候，他们的观点其实并不高明，但却完全不在乎，因为他们的自我感觉一直良好。

　　这种类型的人，总希望用自己的观点去征服别人，所以说起话来总是滔滔不绝。他们总是认为自己是救世主，所有的观点都正确。但是，正是这种无知反而会让他们更加错误百出，让人感觉讨厌。对这种人的忠告就是：每个人都有自己的观点，不要用你的观点做标准去衡量别人。收敛一下你的锋芒和浮躁，再踏实一点儿，说话之前多一些思考。另外要给别人留一点空间，只有这样才可以赢得别人的喜爱。

以爱好识人

"世事洞明皆学问，人情练达即文章。"一个人的爱好，可以反映一人的内心。例如，爱花代表心思纯洁，追求浪漫；爱书证明心思缜密，充满智慧；爱音乐则表明内心多情而又敏感，是个完美主义者；爱好冒险则说明这个人喜欢刺激、个性坚韧，对生活中遇到的各种困难也可以勇敢面对。所以，了解一个人的爱好，就可以了解一个人的内心。

爱花——心思纯洁

花是美的象征。爱花之人一般也以女性居多。女性爱花几乎成为一种天性，因为大多数的女人也希望自己可以像花朵般娇艳美丽。而花也常常与女性联系起来。

无论是男性还是女性，如果他爱花，就说明他的心思比较纯净，对美有着很高的追求，是个完美主义者。无论在生活还是工作中，对自己的要求也很高。为人也很清高，对世俗的东西很不屑一顾，一般也都能洁身自好。

爱古典音乐——性格内向，内心敏感

音乐可以分很多种。喜欢古典音乐的人往往性格比较内向。古典音乐与流行音乐不同，曲调优雅、旋律舒缓优美。因此，喜欢这种音乐的人兴趣也很高雅，对一些低俗的东西不屑一顾，一般情况下眼光也比较高，稍稍有点自恋。

他们的思想一般都很深沉，办事比较沉稳，做事之前都会深思熟虑。个性也比较温和，不会着急。遇到紧急情况时头脑也会保持冷静，对周围的事物很敏感，是个可以智慧地生活的人。

爱读书——充满智慧，性格内向

爱书之人对自己一般很自信，人也很聪慧，对生活中遇到的各种困难都可以想出解决之策。这样的人要么是有着强烈的进取心，要么是想极力地提升自己。他们对生活有着独到的见解，一般也都很有主见。但有时也会给人一种呆板的印象。他们往往也会自我陶醉，非常注重精神生活。精神上的空虚是他们最无法忍受的。

这样的人，性格一般也比较内向，不喜欢向别人敞开自己的心扉，只是喜欢生活在自己的小圈子里。对朋友的要求也很

高。但是，一旦你可以成为他们的朋友，那么他们也会对你非常的信任，并用自己的智慧全力地帮助你。

爱旅游——胸怀宽广，热爱生活

中国有句古话：读万卷书，行万里路。无论读书还是旅游，都可以开阔我们的眼界。读书所学到的只是一些理论上的知识，而行万里路则要求我们将知识与实际相结合。

对于热爱旅游的男性来说，这样的人胸怀一般比较宽广，为人也很豁达。男性有一种独特的心理定式：一个人只有在大自然里，才能够感悟到自己的位置。他们喜欢游历，因为这样不但可以增长他们的见识，开阔他们的视野，还可以让他们得到一种内心的满足感。

男性可能对名山大川更情有独钟。那会激起他们内心的野心。还有的喜欢冒险，在冒险中会体会到一种刺激，还可以增强自己的勇气。而这样的男性，由于见多识广，胸怀宽广，一般往往也很受女性的青睐。

随着社会的发展，四处游历也不再是男人的专利，越来越多的女性也逐渐走出家门。女性天生好奇心就很强，这样的女性也比较坦然。当然，她们不可能会完全像男人那样无拘无束，一般情况下旅游只是她们调节紧张生活的一种方式。

爱清洁——做事有条理

爱清洁的人一般都对杂乱的事物深恶痛绝，任何没有条理的事物都让他们感到心慌意乱。所以，这样的人做起事来也是特别有条理，会把一切事物归置好。

如果男性比较爱清洁，则说明他们对生活的要求较高，做事也比较认真，绝对不是马大哈类型，心也比较细，对自己的妻子也会比较呵护。

如果女性比较爱清洁，那么在生活中就会有条有理。对自己的伴侣要求也比较高，对他们的着装会很在意。而在工作中，对自己的要求也会很严格，做起事来井井有条，效率很高，属于女强人的类型。因此也总会得到上司的青睐，晋升机会很大。但是往往也会由于太争强好胜或者为人过于苛刻，而使自己的婚姻陷入困境。所以对于这类女性，一定要学会宽容，只有这样，才会有一个幸福的家庭。

喜欢观察天体——孤独、内向

宇宙浩瀚无边，神秘莫测，我们人类在它的面前是那么的渺小。对这浩瀚的宇宙充满好奇的人，内心也深不可测。他们一般都少言寡语，喜欢让自己沉浸在自己的世界里。他们对神秘的事物有着很强的好奇心，思想也很深刻，做事之前也都会深思熟虑。

　　他们之所以会对浩瀚的星空产生兴趣，在一定程度上也是在寄托着自己的一种思绪。他们爱幻想，不太喜欢让别人看透自己的心思，也不太喜欢和别人交流，更喜欢一个人独处，让自己享受心灵的那份宁静。在别人的眼里，他们是独来独往的蝙蝠侠。

以语言识人

　　语言是我们自我表达的一种方式。研究认为，在几十万年的进化过程中，形成了男女不同的交流方式，这种不同主要表现在发出讯号的数量不同；女性发出语言讯号的数量是男性的2~3倍。

　　另外，语言还是可以反映一个人的生活背景和一个人的文化修养，所以它还可以传递给我们许多其他的信息。通过语言，也可以认识到一个人的内心。

　　强词夺理——蛮横，霸道，死要面子

　　生活中，总会遇到这样的人，明明是自己错了，却不肯承认，非要跟你强词夺理，直到自己胜利为止。这样的人总会让人感觉讨厌，因为他们总会用各种各样的理由来证明自己是正确的，以突出自己的优越性。

这样的人，内心也比较阴沉，喜欢记仇。且控制欲很强，成天一副趾高气扬的样子。这样的人不论在什么样的场合都喜欢跟别人争论，如果别人对他的意见提出反驳或是有不同的意见他们定会竭力反对。就算心里明明知道自己错了，还是会硬撑着，因为承认自己错了会让自己很没面子，他们的优越感也会大打折扣。

与这种类型的人交谈时一般不要发表肯定的意见，因为他们不会对你表示赞同，他们认为只有自己的观点才是正确的。而且他们的反应一般也都很快，可以抓住你的破绽给予反驳，而且不会给你留一点儿面子，你越难堪，越证明他们有能力。

给这种人的忠告是：给别人留面子，也是给自己留面子。不要图一时痛快而给自己树立太多的敌人。做人也要厚道一些，不要太斤斤计较。

快言快语——心直口快，善于迎合

有些人性格外向，无论遇到什么样的人，在很短的时间内就会与其打得火热。在别人的眼里，他们很豪爽，心直口快，语速也很快。这样的人，思维也比较敏捷，而且总会让人感觉很亲切。

但是，如果你有秘密，最好还是不要告诉他们。他们嘴上可能会答应为你保守秘密，但是转眼间便会将它公之于众，让你很尴尬。其实他们并非想要伤害你，只是他们快言快语的个性让他们很难替别人保守秘密。

这种类型的人，做事也比较轻率，一般不会经过深思熟虑，就如同他们说话一样。他们也往往会因为自己一时的失言而让自己自讨苦吃。但是尽管如此，他们还是没办法让自己改正爱说的毛病。正应了那句话：江山易改，禀性难移。

他们可能会有不少小聪明，但却是一个很难让人感到可靠的人，因为对他们来讲几乎不存在秘密的。但是，在处理人际关系时，这些人却很有优势，他们会随机应变，因此很适合与人打交道的工作。

字斟句酌——办事谨慎，不喜与人争论

有些人生性木讷，惜言如金，不肯轻易开口。这种人一般性格内向，做事谨慎。但是并不代表他们没有想法，只是他们不喜欢把自己的想法说出来而已。这种人是保密的高手，他不想说的事，你无论如何都不可能从他们口中得知，这与心直口快的人形成鲜明的对比。

但是，这种类型的人在与人交往时却往往不会太顺利，因为他们不太爱说话，总会让人感觉很难接近。也许他们内心

也会有与人交往的迫切愿望，但是却不知该如何去做，在交往
中也会很被动，不喜欢主动与别人打招呼。因此，在人多的场
合，他们会感到很尴尬，浑身不舒服。

这种类型的人不喜欢与人争辩，更不会把自己的意见强加
给别人。但是，他们却很有自己的主见，而且对于自己做出的
决定也不会轻易地改变。只是由于性格的原因，使他们的人际
关系容易陷入困境。不过，他们一旦成为朋友，双方就会十分
信任。

对这种性格的人的忠告是：走出去，多参加一些社会场合
的交际。毕竟现在不是单兵作战的年代，与人交往已成为一种
很重要的生存手段。而且，这也并不是克服不了的毛病。许多
性格内心的人，会随着交往的增多，阅历的增加，而成为与人
打交道的高手。

自言自语——精神质，怯懦

有些人总是喜欢自言自语。这种人一般内心比较孤独，而
且不太容易相信别人，所以只能跟自己交流。研究发现，这种
现象在小孩子身上比较常见。

还有就是一些内心胆怯的人，他们对周围的事物、环境不
满，但是又不敢告诉别人，因此只能以这种方式来发泄了。

这种人的思想一般也比较深沉，不太喜欢表达，朋友也不是很多，大多数时间只是一个人在默默地沉思。他们一般谨小慎微，做事小心翼翼，就算心中有不满也不会说出来，于是自言自语就成为他们自我发泄的一个渠道。

对这种类型的人的忠告是：培养自信。信心是一个人力量的源泉，一个人如果可以建立起自信的话，心底就会生出许多的勇气。再就是多交一些朋友，如果什么事都一个人默默地承担，就会给自己很大的压力，久而久之，对自己的心理健康也不利。

爱闲聊——喜搬弄是非

聊天是我们生活中一件很正常的事，因为通过聊天，可以让我们紧绷的神经松弛下来，浑身得到放松。而且没事侃侃足球，评论一些热点话题，还可以增进我们的感情，开阔我们的眼界。但是，如果聊天的内容都是张家长、李家短，那就有点无聊了。

一般情况下，女性比男性更喜欢与人聊天，而且所说的也都是些柴米油盐的小事。这其实也无所谓，因为女人天生就爱说话。但如果你总是在背后谈论别人话，就会让人感觉很不舒服。这样的人也往往喜欢搬弄是非，唯恐天下不乱。

　　其实，聊天并没有什么不好。我们需要向别人表达自己的感受，也需要从别人那里吸收新的知识。聊天可以让我们内心的情绪得到发泄，也是人与人交往的一种必不可少的手段。但是，前提是我们所谈论的是些健康的内容。如果你总是在背后对别人指手画脚，那么就会让人生厌了。

以精神识人

　　我们的内心感情总会通过我们的表情表现出来，一个人精神抖擞，说明他对自己非常自信，或者此时正是得意之时；如果精神萎靡，则说明他心绪不佳，对自己失去信心，或者此时正遇到令自己无法解决的问题；喜怒形于色的人则说明他的情绪易激动，对外界刺激较敏感，一般也不会掩饰自己的心事。所以，通过精神可以识人，不是一世，却是一时。

　　我们总是说"神态"这个词，意思就是说一个人的神情可以反映他的心态。神情清朗之人内心聪慧，神情混浊之人内心愚钝，神情端庄之人心思纯正，而神情猥亵之人则心术不正。我们所说的浊与清是很容易分辨的，就像我们去看小孩子的眼睛，如落入水中的星星，很清澈；再去看老人的眼睛，则很混浊。自然，这是岁月的杰作，但是却也可以反映一个人的内心状态。小孩子胸无城府，天真可爱，眼睛自然也会清澈；而一个人经过岁月的洗礼，内心的沉渣越来越多，因此眼睛也就会有一种污秽之气。在我们的生活中，我们也总会发现周围有一些人，他们的眼睛会很清澈，比别人的更亮，而这样的人一般也比较单纯。

对神情的观察除了要注意他的眼睛之外，还要观察他的言谈举止，只有这样，才不会偏颇。

一个人的精神，是其生命力的体现。生命力强，精神就会旺盛；生命力脆弱，精神就会萎靡不振。我国中医就是运用这个原理来治病救人的。一个人精神如果旺盛，那么做起事来也会事半功倍，而精神不好的话，则不会达到预期的效果。有些人心情特别易浮躁，沉不住气，这样的人一般缺少定力，遇事易慌乱，难成大事。当然，人的精神并非一成不变的。一个状态好的人偶尔也会有精神失落的时候；而一个经常精神不振的人也会有意气风发的时候。所以，神情是动态的，而非静止的。从精神上，可以把人分为：弱态、狂态、疏懒态和周旋态。

弱态之人——和蔼可亲

弱态之人给人的感觉便是柔弱，他们的性情往往也比较温和，不易发怒，容易让人接近。这种人一般心思细腻，感情丰富，但是处事也会优柔寡断。缺乏魄力。南唐后主李煜便是这样的人。

　　这种性格的人，在生活中往往也比较被动，遇到困难不能及时做出应对。而性格上的软弱往往让他们成为牺牲品。他们对周围的事物十分敏感，因而是从事文学工作的最好人选。但是，如果遇到令自己难以逾越的困难，也往往会很消极，甚至用消极的方式来结束自己。所以，对此种类型的人忠告是：学会勇敢地面对生活，可以多参加一些具有冒险或挑战性的活动，多结交一些朋友，让自己走出自己的小圈子，心胸开阔一些。心思细腻、做事顾全大局，再加上勇敢果断，将来必成大器。

狂态之人——不满现实

　　狂，是恃才傲物。这样的人一般都才华横溢，因此有狂的资本。他们往往不满于现实，并用一种近乎叛逆的方式来表达。但是，由于形单力孤，也往往以悲剧结尾。

　　他们一般都很清高，不屑与自认为"低俗"的人来往。在处理人际关系时也往往不是很圆滑，有时还会由于言辞过于激烈直白而给自己树立好多的敌人。但他们的内心也许是充满正义的，也会为捍卫心中的正义而尽自己的全力。诗仙李白就是这种性格的杰出代表。

但是，狂也有真假之分。有些人狂是因为自身才华卓著，因此恃才傲物。这样的人往往会给人一种居高临下的感觉。但是他们的才华也的确令人钦佩。而有的人，他们很狂妄，但却并不是因为自身多么有才华，而是因为对自身的认识不足，自我感觉良好，咨意夸大自我形象，对自己身上的缺点视而不见。这样的人，在明眼人眼里，就有点可悲了。

对此种性格类型的人的忠告是：学会谦虚，灵活处事。狂傲会让你走向孤立，也会让你闭目塞听。只有静下心来，才能让自己不断吸收新的知识，让自己的才能进一步得到升华。处事也要学会灵活。其实有时并不是他们做不到，而是因为他们不想放下自己的尊严、面子，凭他们的智慧，学会一件事是很容易的。如果你有才华，并且又能学会为人处事，在自己的周围聚集起一大批的人，那么前途也定会不可限量。

疏懒态之人——观察力敏锐，眼光独到

疏懒与懒惰是两个不同的概念，不能混淆。疏懒之人一般行动迟缓，不是很有冲劲。他们往往不会轻易动手，但是若真的动手，一般也都会做出不错的成绩。这种类型的人，对自己没有兴趣的事是绝对不会去插手的，而万一遇到自己有兴趣的事，也定会全力以赴。

　　疏懒之人，观察力也都很敏锐。他们可以很轻松地就透过现象，观察到事物的本质。而这正是成大事所必须具备的素质。机会到来时，他们也会及时发现。如果他们能够捕捉到的话，也会成就自己的事业。

　　对这种类型性格之人的忠告是：想做就立即动手。凭他们的眼光，总会发现别人没有发现的机会。但是他们的行动力却不是很强，有时会让机会白白地在眼皮底下溜走。如果他们可以克服这个毛病，或是周围有一个擅于行动的人辅佐，便可成就大事。

以性格断人

性格决定命运。现代社会，决定一个人成功的往往不是出身、门第、背景、学历，而是一个人的性格。性格决定一个人的为人处世。为人处世又决定一个人的事业，而事业则决定着我们的成败。

我们可能见到不少有才华之人，但在工作中却很难崭露头角。而一些才华不如他们的人却可以步步高升。原因何在，就在于这些人不会为人处世，这并非要你去刻意讨好别人，而是让你学会如何做才可以讨别人喜欢。讨好别人不过有一些媚骨，而讨人喜欢却是一种生存的机智和智慧。

有一位记者曾经问约翰·皮尔庞特·摩根决定他成功的条件是什么，这位投资银行家毫不犹豫地说："性格。"

"资金重要还是资本更重要？"

"资本比资金更重要，但最重要的还是性格。"

可见，一个人只有具有一个良好的性格，才能够获得成功。

以上这些并非夸大其词。才华出众但是性格乖张而失败的例子不在少数。我国古代的杨修、孔融，美国的麦克阿瑟，日本的川端康成等人，古今中外，概莫能外。

所以，性格对我们人生有着很大的影响。性格又分为好多种，不同的性格，也有着不同的命运。

性格温和——和蔼可亲，易让人接受

性格温和之人给人的感觉很和蔼，通情达理，容易让人接近。这种人在处理事情时也会很圆滑，就算不同意别人的意见也会用一种很婉转的方式表达出来，而不会让人很难堪。

此种类型的人又可以分为两类。其中一种是属于外柔内刚型。可能他们表面上不显山不露水，但却并不等于他们没有自己的主见。而且有时他们坚持主见的态度会令我们吃惊。这样的人，由于收缩有度，收放自如，处事圆滑又有头脑，所以会在自己的事业上有一番成就。而温和的性格又给他们积累了广泛的人脉，使他们在处理事情时更加得心应手。因此，一般也都会有一个不错的未来。

而另一种类型的人却与之不同。他们性格也很温和，但

是却容易受到别人的影响。有时或许由于太顾及别人的感觉而忽略自己的感觉，从而委屈了自己。由于他们过于柔顺，因此也常常逆来顺受，就算自己有不同的意见，也不会将其公布于众。做事也会优柔寡断，常常会坐失良机。

他们信奉的原则便是与人为善，往往会怕得罪别人而放弃自己的立场。所以，在工作上，这种性格的人只能时时处于从属地位，因为他们已经习惯于听从发号施令。或许他们也会很有智慧，但是却由于难以做决断而让自己始终处于次要地位。

性格内向——表里不一

性格内向之人给人的感觉便是木讷寡言，他们往往会被别人忽视。但是，这样的人却不可小看。中国有句古话：静水流深。这是对他们的最好写照。这种类型的人表面看来十分平静，内心却是波涛汹涌。因为他们表面上总是刻意地压抑自己，于是内心便会在压抑的外表下释放一种令人难以置信的力量，所以他们往往会做出一些令人不可思议的事出来。

有些内向型性格之人会有一种内向的攻击性。他们对付别人也往往是暗中进行，因此被别人当成是阴险狡诈之人。他们每天总是在刻意地掩饰自己，不希望别人看到真实的自己，而他们的思想却比较深邃，思考问题比较周全。如果这种类型的人不是心术不正，往往也会做出一些不错的业绩，因为他们做事一般也会十分谨慎，不会让自己出现疏漏。

对这种类型人的忠告是：不要过分封闭自己。如果你可以走出自我的世界，多结交一些朋友，无论对自己还是对事业，都会大有好处的。

性格懦弱——难成大事

懦弱是性格上一种严重的缺陷。这种性格的人无论在生活中还是在事业上都不会有太大的成就。人生就是一场战斗，总会遇到各种各样的风风雨雨，而他们却没有办法让自己去勇敢地面对。

性格懦弱之人往往会很自卑，总是怀疑自己的能力，所以很容易自暴自弃。做事也总会犹犹豫豫，缺乏果断的魄力。他们总是会处于一个从属地位，喜欢听从别人发号施令。但是，这种性格的人也并非一无是处。他们的性格一般都会比较细腻，对周围的事物很敏感，容易发现别人不在意的事情。所以，如果从事文学工作，定会有不错的成绩。

懦弱的性格也隐藏在我们每个人的体内，只是有时它会显现，有时它又会隐藏起来。但是，如果你想获得成功，就必须努力、主动地去克服这种性格，因为它会让你在面对困难时失去勇气。成功，更需要的是一种坚韧，一种毅力和一种执着。

如何才能克服这种性格呢？首先，让自己建立信心。信心是一切力量的源泉。如果你可以让自己变得更加自信，那么勇气自然而然也就产生了。其次，让自己参加一些体育锻炼，一个体质好的人在面对困难时也会更加从容更加有勇气。还可以让自己从事一些具有冒险性的活动，这样也可以不断地培养并增强我们的勇气。

只要通过一些刻意的改变，这种性格缺陷还是可以克服的。

性格傲慢——不自量力

性格傲慢之人总会给人一种居高临下的气势。或许他们本身很有才华，或许他们的家境背景比较优越，或者他们有着很强控制欲。总之，这样的人总会给人一种盛气凌人的感觉。这种性格最大的缺陷便是容易陷入社会的陷阱之中。因为，没有人会希望自己的朋友成天对自己呼来喝去，更不想成为他手中的一个玩偶。于是，有个性的人都会被他的这种气焰所吓跑。而可以留下来的又都是些没有什么主见，喜欢听别人调遣的人，而这种人又会让他很瞧不起。于是，最后只能是孤家寡人了。

这种性格的人与性格懦弱之人恰恰相反，他们有着很强的自信心，有时甚至是自信过度，过于迷信自己的力量，难以听进别人的意见。

　　给这种性格的人的忠告是：做人可以自信，但不可自傲，要学会虚心。如果可以放下趾高气扬的样子，对人友善一些，还是可以得到朋友的。以他本身所具有的智慧，再加上朋友的相助，也必定可以取得成功。另外要学会倾听，听别人的意见，也会让自己的思想更加开阔。

性格刚毅——可成大事

　　刚毅性格之人性格中既有刚的坚，也有一种不达目的不罢休的韧，哪怕遇到再大的困难，也不会轻易说放弃。所以，有这种性格的人，一般在事业上都会有不小的成就。因为他们处事果断，不怕困难，勇于进取。生活中的挫折不但不会将他们击垮，反而会激发出他们的斗志，他们属于越挫越勇的人，所以几乎没有什么可以将他们击倒。

　　但是，他们也会因为自己的成绩而出现骄傲的情绪，过高地估计自己的能力，把目标定得过高，以致超过了自己的能力，难以达成。他们野心很大，权力欲很强，这会成为他们前进的动力。但是如果运用不当，也会成为埋葬他们的坟墓。